レイチェル・カーソンに学ぶ現代環境論

嘉田由紀子
新川　達郎
村上紗央里
編

アクティブ・ラーニングによる環境教育の試み

法律文化社

緒言――『センス・オブ・ワンダー』から学べること――

　レイチェル・カーソンは著書『沈黙の春』（1962年）で，人間は自然の一部であること，その自然を人間の手によって破壊することがどれだけ危険であるかを豊かな感性でもって指摘しました。それから50年以上の歳月が過ぎました。

　日本ではこの間に公害問題の発生とその対応など，市民，地域，地方自治体そして国において環境問題の原因究明や社会的対策が進められ，一定の成果をあげることができました。ところが，気候変動や生態系の破壊，原子力事故問題など，環境にかかわる問題は改善されるどころかますます深刻化しています。いまだ経済発展，社会的公正，そして政治的意思決定が，環境への配慮に基礎を置くものとなっていないのです。

　このような状況を回復・改善するためには，私たち人間が環境とのかかわり方を本質的にあらためる必要があります。そのために重要な役割を果たすのが環境学習・教育です。ここでめざす環境学習・教育は，知識を得るためだけのものではなく，自らの生き方や考え方，そして行動の指針を育み，深めるものと捉えています。本書はこうした問題提起を起点として取り組まれた教育実践「政策トピックス　レイチェル・カーソンに学ぶ現代環境論」（同志社大学政策学部）をもとに編まれています。

　「レイチェル・カーソンに学ぶ現代環境論」では，現実社会で活躍する研究者・自治体関係者・実務家が講師となり，多角的なアプローチで人間と環境とのかかわりについて学びました。そこでは，カーソンの『センス・オブ・ワンダー』（1965年）に触発されながら，現代の大学教育の柱であるアクティブ・ラーニングを採用して，環境問題への当事者意識と主体性を涵養することをめざしました。読者のみなさんにとっても，環境とのかかわりについて深い示唆をもたらすものと確信しています。

編者の一人として　　嘉田　由紀子

は じ め に

　環境というとても身近な存在が，これまでになく深刻な問題となって現れています。科学技術が発展するのと同時に，人間のおこないが引き起こす問題は，ますます複雑なものとなっています。私たちは，環境にかかわる問題が複雑になっているにもかかわらず，問題について考えることをしなくなってきているように思います。問題が複雑になっていて，それについて考えること自体が難しくなってきているのかもしれません。それどころか，問題について無視してしまい，無関心になっているといえるかもしれません。

　こうして今日，環境にかかわる問題について，「他の誰かが考えるから私は考えなくてもいい」というのでは，環境問題はますます悪化していくことでしょう。そうではなくて，私たち自らが考えること，そして行動を起こしていくことが，ますます重要になってきています。私たちにとっては，環境にかかわる問題とは，私たち自身の問題なのだとして捉え直すことが大切です。環境にかかわる問題がいくら複雑になっていったとしても，原因となっている私たち一人ひとりが，その問題に向き合い，必要な知識を学びながら考え行動していくことしかありません。そうすることによって，環境問題の解決への取り組みを進めることが基本ではないでしょうか。

　本書では，私たちが環境問題を自分たちの問題として捉えるためには，自分自身の感性や関心に立脚して問題を考えていくことが大事になると考えています。そうした考え方や態度を，レイチェル・カーソンの「センス・オブ・ワンダー」という思想と行動から学ぶことができます。このねらいのもと，同志社大学政策学部では，「政策トピックス　レイチェル・カーソンに学ぶ現代環境論」（レイチェル・カーソン日本協会関西フォーラムによる寄付講座）という授業が行われました。本書『レイチェル・カーソンに学ぶ現代環境論』は，この授業をもとに，カーソンのアイデアに学び，環境問題を私たち自身の問題として捉え，自分自身の感性や関心を大切にしながら考え行動を起こすきっかけになることをめざして編まれました。

はじめに

　本書が想定する読者としては，大学での勉強の仕方もよくわからない，大学に入学したばかりの若者世代，環境問題をもう一度基本のところから学び直したいと思っている学生や社会人，自然環境やその問題に関心を持っているが初めて学ぶ人（初学者）です。加えて，カーソンの問題提起について専門的に学んでいく入り口としていただいたり，これまでの関心をさらに広げたり，知識をさらに深めたり，これまでの知識や経験をふまえ，学び直していくのに活用していただければと願っています。

　まずはカーソンのことを知っていただき，環境やその問題への思いを深めてからさまざまな問題について学んでいただくのもよいと思います。環境についての原理的な考え方についての関心や環境政策への関心，あるいは身近な食生活への関心など，読者の方それぞれに関心をお持ちのことと思います。それぞれのご関心に近い章から読みながら，他の章へと視野を広げて読み進めていただくのもよいかもしれません。本書には，受講した学生が講義をどのように受け取ったのかを示した章もあります。また，受講した学生諸氏や参加されたカーソン協会の方々など，たくさんの方にいただいた感想の一部がコラムにまとめられています。そこから読んでいただいても興味深いと思います。

　本書は4部からなり，第1部はカーソンの生涯や思いについて学び，教育実践をデザインすることを中心としています。第2部では，実際の教育実践でゲストスピーカーとして講義を担当していただいた方々に執筆していただきました。ゲストスピーカーを務めてくださったのは，実際の環境問題に深く関与しておられる研究者の方々や，行政・企業・NPOなどに所属する実務家の方々です。第3部では，それぞれの分野で活躍される姿が，現代のレイチェル・カーソンと呼ぶに相応しい方々に，実際に講義を担当しお話しいただいたものです。第4部は，実際に同志社大学政策学部で行われた教育実践の結果および課題について述べています。

　本書の編者は嘉田由紀子・新川達郎・村上紗央里の3人ですが，「はじめに」，そして**第1章・第2章・第12章・第13章**を執筆した村上がこの教育実践の企画・コーディネートを務め，実際の実践をどのようにするかを考え，本書の共著者やレイチェル・カーソン日本協会関西フォーラムの会員など多くの方々の協力を得ながら授業を進めました。

最後に，本書がなぜこのような構成をとっているのかについて，編者の想いとともに示しておきたいと思います。

　本書は，多様な分野，多様な担い手によって編まれています。その意図するところは，環境にかかわる問題は多様なアプローチから学ぶ必要があると考えるからです。環境問題は，私たち一人ひとりによって引き起こされています。その解決には，私たち一人ひとりが手をとりあい，協働していくことが求められています。それは，人と環境との関係だけでなく，人と人との「いい関係づくり」が求められているということができます。

　本書では，著者と読み手との対話を通じて，この点を理解してほしいと願っています。また，本書の教育実践の受講生と同じく，本書を読みながら対話を交わすというかたちで活用していただければ幸いです。

編者の一人として　　村 上 紗 央 里

目　次

緒言──『センス・オブ・ワンダー』から学べること─────嘉田由紀子　i

はじめに ──────────────────────────村上紗央里　ii

第1部　レイチェル・カーソンを手がかりとした教育プログラム

第1章　レイチェル・カーソンの生涯と思い──────────村上紗央里　2

第2章　レイチェル・カーソンから広がる新たな教育実践──村上紗央里　15

第2部　環境問題への理論的アプローチ

第3章　人間にとっての「環境」とは何か────────────鈴木　善次　34

第4章　環境問題や環境政策をどのように考えればよいのか──新川　達郎　45

第5章　戦後日本公害史とレイチェル・カーソン─────────宮本　憲一　63

■ 受講生からの感想　84

第3部　環境問題への実践的アプローチ

第6章　エネルギー・温暖化問題から環境を考える──────田浦　健朗　88

第7章　「水銀に関する水俣条約」をふまえた国内対策──────原　　強　103

第8章　枯れ葉剤被害から環境を考える────────────坂田　雅子　111

v

第**9**章　身近な食生活と環境とのつながり————————鈴木千亜紀　126

　■ 学生スタッフからの感想　133

第**4**部　現代に生きるレイチェル・カーソン

第**10**章　レイチェル・カーソンが伝えたかったこと————上遠　恵子　138

第**11**章　命にこだわる政治を求めて————————————嘉田由紀子　149

　■ レイチェル・カーソン日本協会会員からの感想　164

第**5**部　「レイチェル・カーソンに学ぶ」教育実践の成果と課題

第**12**章　教育実践の成果と評価————————————村上紗央里　166

第**13**章　アクティブ・ラーニングによる
　　　　　公共政策学導入教育の可能性————————村上紗央里・新川達郎　185

　おわりに ……………………………………………………… 新川　達郎　203

第1部──レイチェル・カーソンを手がかり
とした教育プログラム

第1章　レイチェル・カーソンの生涯と思い

村上紗央里

　本章では，『沈黙の春』という環境問題を考えるうえで最も重要な書物の1つを著したレイチェル・カーソンの生涯をたどります。そして，カーソンの生涯を理解するうえで大切な2つの著書，『沈黙の春』と『センス・オブ・ワンダー』を読み解きます。最後に，カーソンから学ぶ教訓をまとめています。

■ レイチェル・カーソンの生涯

　この節では，リンダ・リア『レイチェル──レイチェル・カーソン『沈黙の春』の生涯』（上遠恵子訳，2002年）をもとに説明していきます。

　カーソンは，1907年にアメリカのペンシルベニア州で生まれ，海洋生物学者，作家として活動し，1964年にこの世を去りました。

　ウッズホール海洋生物研究所やジョンズ・ホプキンス大学大学院での調査研究や漁業局での勤務経験を活かし，「海の3部作」と称される，『潮風のもとで』（1941年），『われらをめぐる海』（1951年），『海辺』（1955年）の3冊を出版し，作家としての地位を確立しました。

　代表作『沈黙の春』（1962年）は，化学物質による環境問題の存在を明らかにし，アメリカ社会に大きな影響を与えました。当時のアメリカでは，新しい農薬や殺虫剤等の化学物質が次々と開発され，その危険性については十分に考えられていないまま使用されていました。殺虫剤は農場や森林で大量に散布され，また家庭でも使われていました。そうしたなかで，化学物質の人体や自然環境に及ぼす危険性を指摘したのです。

　1962年に『ニューヨーカー』に連載されると，大きな反響を呼びました。反

第1章　レイチェル・カーソンの生涯と思い

響に比例するかのように，化学産業界からの激しい批判や心ない誹謗中傷がありました。市民からの反響も大きかったのです（詳細は次節を参照）。

　1963年にケネディ大統領が設置した化学諮問委員会で報告書をとりまとめ，農薬・殺虫剤の企業や関連省庁を批判し，『沈黙の春』が果たした役割を高く評価しました。その後，1970年に環境保護庁（EPA：Environmental Protection Agency）が設置され，DDT（『沈黙の春』のなかで批判された殺虫剤）は使用・生産・販売が禁止されていくこととなりました。日本でも1972年に環境庁が設立され，環境保護の動きは世界中で巻き起こっていきました。『沈黙の春』の影響は大きく，出版から50年以上経った今日まで続いています。

　また，亡き後に出版された『センス・オブ・ワンダー』（1965年）は，カーソンの信念とも呼べるメッセージが残され，多くの人々に読み継がれています（詳細は本章の第3節を，またカーソンの生涯については本書第10章（上遠恵子）で詳しく描かれていますので，そちらを参照してください）。

2 『沈黙の春』を読む

　ここでは，『沈黙の春』から読み取れるメッセージを示したいと思います。本書ではカーソンが，『沈黙の春』を通じて，環境に存在するあらゆるもののつながりと生命への畏敬・敬愛の念を示していると考えています。

　『沈黙の春』では，水や土壌，大気，植物，動物，人間とあらゆるものがつながるものとして表現されています。カーソンは，海洋生物研究所や大学院，漁業局での経験を通じ，ある種の生きものと別の生きもののつながりや生きものと環境とのつながりに目を向けていました。そのことについて示された文章を紹介します。

　　この地上に生命が誕生して以来，生命と環境という2つのものが，たがいに力を及ぼしあいながら，生命の歴史を織りなしてきた。といっても，たいてい環境のほうが，植物，動物の形態や習性をつくりあげてきた。地球が誕生してから過ぎ去った時の流れを見渡してみても，生物が環境を変えるという逆の力は，ごく小さなものにすぎない。だが人間という一族が，おそるべき力を手に入れて，自然を変えようとしている。
（カーソン　2001：22）

第1部　レイチェル・カーソンを手がかりとした教育プログラム

　自然界では，1つだけ切り離されて存在するものなどないのだ。私たちの世界は，毒に染まっていく。私たちの生命の母とも言うべき〈地〉に目を向けなければならない。（同上：69）

　人間は自然界の動物と違う，といくら言い張ってみても，人間は自然の一部にすぎない。私たちの世界は，すみずみまで汚染している，人間だけ安全地帯へ逃げ込めるだろうか。（同上：211）

　カーソンの言葉から，人間だけが特別だという考え方が思い上がりだということに気づかされます。そして，カーソンは人間がこの世界の一部であることを忘れたかのような傲慢な振る舞いに警鐘を鳴らしています。
　また，『沈黙の春』では，化学薬品の汚染と同時に，今日に通ずる遺伝子にかかわる問題，放射能汚染に関する問題を射程に入れて提起しています。

　放射線が遺伝にどんな危険な作用を及ぼすのか——みんな戦々兢々としている。そのくせ，化学薬品をいたるところにばらまいておきながら平気なのは，どういうわけなのだろう。化学薬品もまた，放射能にまさるとも劣らぬ，おそろしい圧力を遺伝子に加えるのに。（同上：55）

　人間全体を考えたときに，個人の生命よりもはるかに大切な財産は，遺伝子であり，それによって私たちは過去と未来とにつながっている。長い年月をかけて進化してきた遺伝子のおかげで，私たちはいまこうした姿をしているばかりでなく，その微小な遺伝子には，よかれ悪しかれ私たちの未来のすべてが潜んでいる。（同上：231）

　カーソンは生きものどうしの関係や生きものと環境の関係という生態系の空間的なつながりだけでなく，将来世代との時間的なつながりにも関心を広げ，問題を深く考えていたのです。いまの私たちの生活が，すべての生きもの，そして将来世代の人々や生きもの，その環境に及ぼす影響について繰り返し考えるように導いています。そうした生きものと環境とのつながりに目を向けて終盤で再び，「私たちの住んでいる地球は自分たちだけのものではない」（カーソン　2001：324）と訴えかけているのです。
　生きものと環境との関係，そして将来のこの地球のつながりを深く見つめる

4

第1章　レイチェル・カーソンの生涯と思い

カーソンが抱いていたのは，生命への畏敬の心です。生涯にわたって，自然の世界への関心とその土台をなす生命への畏敬の心が彼女の活動を支えていました。「レイチェル・カーソンの生命への畏敬に基づく全ての生命との共生という考え方は，彼女が生物学者として生態系を学びやがて"エコロジー"の原点ともいわれる著作『沈黙の春』へと続いていく道筋の基礎になって」（上遠1998：11）いったのです。

❸ 『センス・オブ・ワンダー』を読む

カーソンが亡くなった後，1965年に『センス・オブ・ワンダー』という一冊の本が出版されました。本書は，『ウーマンズ・ホーム・コンパニオン』という雑誌に「子どもたちに不思議さへの目を開かせよう」というタイトルで掲載された作品を友人たちが編集したもので，姪の息子ロジャーとメイン州の森や海辺で過ごしたことをもとに表現されたものになっています。

日本では1991年に上遠恵子の翻訳で出版され，多くの人に読み継がれています。当初，佑学社から出版されましたが，1996年からは新潮社から出版されています。新潮社では2016年までに26万部以上が発行されています。佑学社から出版されたものを合わせると，30万部近くが人々の手に渡っているのではないでしょうか。同書に書かれたメッセージやアイデアをもとに，環境教育や幼児教育の実践が数多く生み出されました。本書の教育実践も『センス・オブ・ワンダー』との出会いをきっかけにして育まれたものです。

『センス・オブ・ワンダー』との出会い

カーソンの思いのエッセンスが表されている『センス・オブ・ワンダー』から読み取れるメッセージを示していきます。その前に，筆者と『センス・オブ・ワンダー』との出会いについて，本書の教育実践の原点ともいえるため紹介します。

『センス・オブ・ワンダー』を初めて読んだ大学3年の時，それまで言葉にしようとしても，自分の言葉として表現できないでいたことが，この本のなかで言い表されているという感覚を持てたことを今でもはっきりと覚えていま

5

第1部　レイチェル・カーソンを手がかりとした教育プログラム

す。

　それは，感性の大切さです。私たちは，感性を通じて，何かしらの対象に心惹かれたり，深く関心を持ったりすることができます。そして，こうした感性のはたらきによって，ものごとの本質について考えたり，豊かに生きていくための示唆を引き出していくことができるのではないかと感じました。

　この本を読み進めると，次のような文章に出会いました。

　　　地球の美しさと神秘を感じとれる人は，科学者であろうとなかろうと，人生に飽きて疲れたり，孤独にさいなまれることは決してないでしょう。たとえ人生のなかで苦しみや心配ごとにあったとしても，かならずや内面的な満足感と，生きていることへの新たなよろこびへ通ずる小道を見つけだすことができると信じます。
　　　地球の美しさについて深く思いをめぐらせる人は，生命の終わりの瞬間まで，生き生きとした精神力をたもちつづけることができるでしょう。
　　　鳥の渡り，潮の満ち干，春を待つ硬い蕾のなかには，それ自体の美しさと同時に，象徴的な美と神秘がかくされています。自然がくりかえすリフレイン――夜の次に朝がきて，冬が去れば春になるという確かさ――のなかには，かぎりなくわたしたちを癒してくれるなにかがあるのです。（カーソン　1996：50-51）

　この文章で述べられている感覚を持ち続けることができれば，社会や人生における負担を軽減させ，自分なりの価値観を持って，自分らしい人生を歩むことにつながっていくように思いました。そして，こうした感覚を持ち続けるための方法について考えるようになりました。

　このような個人的な体験もあって，「センス・オブ・ワンダー」の大切さに多くの方が目を向けていただければと思い，「センス・オブ・ワンダー」を中心的な概念と位置づけた教育実践に取り組んできました。環境や環境問題を題材とした内容としていますが，本書で最も大切にしたいことは，一人ひとりの感じ方や考え方を大切にし，そこから自分らしい選択へと歩みを進めていくことだと考えています。

『センス・オブ・ワンダー』とは何か

　それでは，「センス・オブ・ワンダー」とは何か，『センス・オブ・ワンダー』

のメッセージを読み解き，考えていきます。まずカーソンが「センス・オブ・ワンダー」について記している箇所を引用します。

　　子どもたちの世界は，いつも生き生きとして新鮮で美しく，驚きと感激にみちあふれています。わたしたちの多くは大人になるまえに澄みきった洞察力や，美しいもの，畏敬すべきものへの直感力をにぶらせ，あるときは全く失ってしまいます。
　　もしもわたしが，すべての子どもの成長を見守る善良な妖精に話しかける力をもっているとしたら，世界中の子どもに，生涯消えることのない「センス・オブ・ワンダー（＝神秘さや不思議さに目をみはる感性）」を授けてほしいと頼むでしょう。
　　この感性は，やがて大人になるとやってくる倦怠と幻滅，わたしたちが自然という力の源泉から遠ざかること，つまらない人工的なものに夢中になることなどに対する，かわらぬ解毒剤になるのです。（同上：23）

　ここで，カーソンは，子どもたちの持つ「驚きと感激」，そして「澄みきった洞察力や，美しいもの，畏敬すべきものへの直感力」に「センス・オブ・ワンダー」という言葉を与え，その大切さを示しています。さらに，翻訳者の上遠は「神秘さや不思議さに目をみはる感性」と表現し，読者の「センス・オブ・ワンダー」への理解を促しています。
　『センス・オブ・ワンダー』は，アメリカのメイン州の森や海を舞台にし，自然についての美しい描写の溢れる書物であることから「センス・オブ・ワンダー」が自然への感性と捉えられる傾向があります。しかしながら，上遠が「センス・オブ・ワンダー」を社会のさまざまな問題を敏感に感じ取る「社会へのセンサー」と捉えるように，「センス・オブ・ワンダー」は，自然界だけではなく，社会への感性としても捉えることができます（村上 2014）。カーソン自身，人工的なものへの解毒剤として感性をはたらかせる必要を指摘しています。社会への感性としての側面もまた，「センス・オブ・ワンダー」の重要な特徴です。
　そしてまたカーソンは，子どもの「センス・オブ・ワンダー」が，生涯消えることのないように願っています。このメッセージには，子どもだけでなく大人も含めて，すべての人に「センス・オブ・ワンダー」を生涯保ち続けてほしいという願いが込められているといえるでしょう。

第1部　レイチェル・カーソンを手がかりとした教育プログラム

「センス・オブ・ワンダー」を育むには

　次に紹介する文章では，『センス・オブ・ワンダー』がなぜ大切なのか，どのように育まれるかを教えてくれています。

　　　わたしは，子どもにとっても，どのようにして子どもを教育すべきか頭を悩ませている親にとっても「知る」ことは，「感じる」ことの半分も重要でないと固く信じています。（中略）
　　　美しいものを美しいと感じる感覚，新しいものや未知なものにふれたときの感激，思いやり，憐れみ，賛嘆や愛情などのさまざまな形の感情がひとたびよびさまされると，次はその対象となるものについてもっとよく知りたいと思うようになります。そのようにして見つけだした知識は，しっかりと身につきます。
　　　消化する能力がまだそなわっていない子どもに，事実をうのみにさせるよりも，むしろ子どもが知りたがるような道を切りひらいてやることのほうがどんなに大切であるかわかりません。（同上：24-26）

　この文章は，私たち自身のこととして読むことができます。カーソンは，「『知る』ことは『感じる』ことの半分も重要ではない」と「感じる」ことがどれほど大切なことか訴えています。それは，「感じる」ことをもとにして「知る」ことができれば，対象となるものをもっと知りたいと思うようになること，そして知りたいと思って得られた知識はしっかりと身につくということです。教育にとっても，感性，感じること，想像力は重要な礎となります（イーガン2010）。

　実際に私たちは，カーソンがいうように「感じる」ことをもとにして「知る」ことができているでしょうか。情報過多の社会のなかで，さまざまな情報を追い立てられるように「知る」としても，自分の感覚で「感じる」ということがなければ，知ったつもりになっているだけで，そのことを本当に「知る」ことや，自分の人生のなかで活かせることはないでしょう。そうならないように，カーソンは，自分自身の「センス・オブ・ワンダー」と結びつけながら，知っていくことの大切さを教えてくれているのです。

　それでは，この感性を身につけ，育むにはどのようにすればよいのでしょうか。ここであらためて，本書の教育実践の中核に「センス・オブ・ワンダー」

8

第1章　レイチェル・カーソンの生涯と思い

を置くことの意味について考えたいと思います。

　「センス・オブ・ワンダー」は，「神秘さや不思議さに目を見はる感性」であって，身近な対象を深く見つめることを後押ししてくれています。ここでいう身近な対象には，自然をはじめとする身近で素晴らしい世界だけでなく，自分自身も含まれます。「センス・オブ・ワンダー」を育むには，自分自身の感性に根ざして，自分自身を含む身近な世界への関心を向けることが第一歩となります。

　身近な対象への関心を大切にするというのは，より広い社会や世界に目を閉ざすということではありません。むしろ「センス・オブ・ワンダー」は，自分の視野を広げること，広い視野からものごとを捉えることに通じているといえます。「センス・オブ・ワンダー」によって，社会や環境の問題を自分の感性で捉えることができ，より深く考えることができるようになっていきます。こうして自分自身の感性を軸とすることで初めて，自分との結びつきを自覚しながら社会や世界へ関心を持って考えていくことができます。

　自分自身の「センス・オブ・ワンダー」に気づき，それにもとづく自分の関心を持つことは，簡単にできることではありません。それができるような学びと訓練が必要ですし，環境や機会が必要でしょう。カーソンの言葉を借りれば「感動を分かち合ってくれる大人が，すくなくともひとり，そばにいる必要」（カーソン　1996：24）があるでしょう。

　自分自身の感性を基礎とすることなしに，社会や世界について深く考えたり語ったりすることは不可能です。今日では，自分自身との結びつきを直感的に意識し，自分自身の本当の意味での関心から考える態度，そしてそれにもとづいて学び行動していくことが必要となってきています。「センス・オブ・ワンダー」を学び取りながら，その感性から社会や世界を語ったり考えたりしていくということが，私たちには必要とされているのです。「センス・オブ・ワンダー」は，これまでそうした学びのなかった人々にとって，その無関心への解毒剤となり，感性にもとづいて深く考えていくきっかけとなるでしょう。「センス・オブ・ワンダー」に根ざすということは，自分自身の感性を軸としながら視野を広げ，社会や世界に向けて関心を持ち考えていくことにつながっていきます。そして，そうすることでこそ，自分なりの価値観を持って社会や世界

第1部　レイチェル・カーソンを手がかりとした教育プログラム

と関わりながら人生を豊かに歩むことにつながります。

　この節の最後でもう一度，カーソン自身の言葉に触れておきたいと思います。

　　地球の美しさと神秘を感じとれる人は，科学者であろうとなかろうと，人生に飽きて疲れたり，孤独にさいなまれることは決してないでしょう。たとえ人生のなかで苦しみや心配ごとにあったとしても，かならずや内面的な満足感と，生きていることへの新たなよろこびへ通ずる小道を見つけだすことができると信じます。（カーソン1996：50）

「センス・オブ・ワンダー」は，人生の支えとなり，他の誰でもない，自分自身の人生を生きるうえでとても大切なのです。

４　レイチェル・カーソンから学ぶ5つの教訓

　ここまで，カーソンの生涯をたどり，『沈黙の春』と『センス・オブ・ワンダー』を読み解いてきました。本章の最後に，カーソンから学ぶ教訓を5つの大切な点にまとめておきたいと思います。

生命や自然への畏敬の心を持つこと

　はじめに，カーソンの抱く生命や自然への畏敬の心が挙げられます。その感覚は，カーソン自身において，幼少期に育まれ，生涯にわたって，いつもカーソンのもとを離れることがなかったでしょう。私たちはカーソンの書いた文章や語った言葉はもちろん，その行動や生き方にも，生命や自然への畏敬の心があったからこそ，生きものと環境のつながりや将来世代へのつながりに目を向けることができ，「センス・オブ・ワンダー」という概念を彫琢することができたのだと思います。カーソンは，生命や自然への畏敬の心を抱き，それらに支えられて，信念を持って自分の行動を貫き通したのだと思います。

第1章　レイチェル・カーソンの生涯と思い

生きもの相互そして環境との空間的・時間的なつながりの視点

　カーソンはまた，生きもの相互の空間的・時間的つながりを考える視点を示してくれています。すべての生きものは互いに影響を与えあっています。そして，私たち人間はその一部であること，人間は特別なのだと傲慢になることを戒め，「必要なのは，謙虚な心」（カーソン　2001：324）であることを教えてくれています。科学の発展が目覚ましい今日においてこそ，カーソンの言葉に耳を傾ける必要があるのではないでしょうか。遺伝子や原子力といった最先端の科学技術が驚異的な発展を見せている現代においてこそ，人間とその行為が生命のつながりにどういった影響を生むのかを考える必要があるといえるでしょう。

　『沈黙の春』では，そうしたつながりを見据え続け，問題を一部に限定したりせずに，全体として捉え，総合的に考えることの重要性を提示しました。それだけでなく，私たちが考えなければいけない問題の範囲を現在に限ることなく，将来世代に向けていました。生命のつながりを空間的なつながりとすれば，将来世代，そして過去世代とのつながりは，時間的なつながりということになるでしょう。カーソンが示したように，そうしたつながりの視点を持つことが，ますます重要になってきていると思います。

センス・オブ・ワンダーの大切さ

　生命や自然への畏敬の心を持ち，空間的・時間的なつながりに目を開きながら，カーソンは「センス・オブ・ワンダー」という言葉を私たちに届けました。「センス・オブ・ワンダー」は，「驚きや感激」「神秘さや不思議さに目をみはる感性」で，私たち自身とその社会へ関心を向ける感性でした。「センス・オブ・ワンダー」に立ち返って，自分自身の身の回りの自然への感性をはたらかせ，そして身近な社会への理解を深めると同時に，社会や世界へと関心を広げることができるのです。そうすることによって，自分自身の「センス・オブ・ワンダー」にもとづいて人生のさまざまな選択をし，自分自身の人生の力とすることができるのです。このことは，カーソン自身の人生が示してくれたことでもあります。

　カーソンは，作品を通じて，また生き方を通じて，「センス・オブ・ワンダー」

第1部　レイチェル・カーソンを手がかりとした教育プログラム

の大切さを私たちに示しています。人生を通じて「センス・オブ・ワンダー」
を保ち続け，素晴らしい作品を私たちに届けました。「センス・オブ・ワン
ダー」という感性を見失わなければ，困難や苦難を乗り越えることができ，「生
きることへの新たなよろこびへ通ずる小道を見つけ出すこと」（カーソン 1996：
50），「生き生きとした精神力をたもちつづけること」（カーソン 1996：50）がで
きるのです。「センス・オブ・ワンダー」を生涯保ち続けること，それがいか
に大切で素晴らしいことかをカーソンのメッセージとして，カーソン自身の生
き方から受け取りたいと思います。

トランス・サイエンスの視点

　カーソンの作品とその生き方は，科学の新しいあり方を私たちに示しまし
た。カーソン以前には，科学はあらゆる問題を解決できる万能な合理性を備え
たものとして，人々に考えられていました。ところが，カーソン以降の社会で
は，環境問題や原子力問題のように科学では解決できない問題が噴出していき
ました。科学者のワインバーグは，「科学に問いかけることはできるが，科学
によって答えることのできない諸問題」に取り組む科学のあり方をトランス・
サイエンスと表現しました。そうした科学のあり方が生まれたのが，1962年の
カーソンの『沈黙の春』とトーマス・クーンの『科学革命の構造』の出版とさ
れています（野家 2015）。トランス・サイエンスは，今日の問題に取り組むに
あたって，市民と専門家とがお互いに意見を交換して議論を重ねながら合意形
成をしていく「コンセンサス会議」という実践を生み出しています（小林
2007）。

　カーソンの書いたものこそが，市民と科学を結びつけていくような科学のあ
り方を提示することに大きく貢献しました。『沈黙の春』は，専門家だけでは
なく，市民が科学のあり方を考えるきっかけをつくり出しました。カーソンは
漁業局に勤務している頃から，市民が科学と結びつくことのできるあり方を追
求してきました。カーソン自身の文学的素養を活かし，科学者として専門知識
をふまえながら，市民にも訴えることができる文学的な作品を生み出していっ
たカーソンの功績は，トランス・サイエンスへの扉を開いたものとして価値あ
るものなのです。私たちは今日，カーソンが切り拓いてくれた可能性を信じ，

市民と科学のつながりを強めていくことによって，さまざまな環境問題や社会問題を考えていく必要があるのです。

環境問題に対して信念を持って行動すること

　最後に，私たちはカーソンから環境問題に対して信念を持って行動することの大切さを学ぶことができます。カーソンは『沈黙の春』で，数多くの人々の協力を得ています。化学物質による環境汚染の問題は，非常に複雑なものでした。それは，カーソン一人では太刀打ちできないように思えるほどのものでした。研究者や活動家，市民の協力を求め，数多くの手紙を書き，根拠となるデータを集めました。生命や自然への畏敬の心を持ちながら，辛抱強く人と他の生きもの，環境とのつながりを考え続けました。『沈黙の春』の執筆は，決して平坦な道程ではなく，たいへんな道でした。執筆の途中でがんが見つかり，治療を受けるために入退院を繰り返しました。治療は困難を極め，何度もくじけそうになったことでしょう。それでも問題に向きあい，自らが取り組んでいる問題の重要性を信じ続けました。「私たちの住んでいる地球は自分たち人間だけのものではない」（カーソン 2001：324）という先ほども紹介した言葉は，読む者にとって警句となりますが，カーソンにとっては信念でもあったように思います。

　カーソンはまた『沈黙の春』を書き上げた後，歩みを止めることなく講演を通して人々との対話を重ねました。化学物質による環境汚染という，当時は問題として受け止められていなかった環境の問題を社会問題として提起し，その危険性を市民に知ってもらうために，取り組んだのです。こうした足跡から，本質的な問題に対して，信念を持って向きあい，行動に移していくことがいかに大切であるかを学ぶことができます。それは決して容易ではないでしょう。それでもなお，本質的な問題を考え取り組み続けること，関心を広く社会に向けて開くこと，対話を続けること，一歩でも行動に移していくことの大切さをカーソンは教えてくれているのだと思います。

＊参考文献

　上遠恵子，1998，「心に生きるレイチェル・カーソン──きわめて私的なレイチェルへの

思い入れ」レイチェル・カーソン日本協会編『「環境の世紀」へ』かもがわ出版.

小林傳司，2007，『トランス・サイエンスの時代』NTT 出版.

野家啓一，2015，『科学哲学への招待』筑摩書房.

村上紗央里，2014,「日本における『センス・オブ・ワンダー』の展開——レイチェル・カーソンから上遠恵子，そして未来へ」日本環境教育学会関東支部第 8 回支部大会発表資料.

リア，リンダ，2002，上遠恵子訳『レイチェル——レイチェル・カーソン『沈黙の春』の生涯』東京書籍.

Carson, R., 1962, *Silent Spring*, Houghton Mifflin Company.（＝2001，青樹簗一訳『沈黙の春』新潮社.）

Carson, R., 1998, *The Sense of Wonder*, Harper Collins Publishers.（＝1996，上遠恵子訳『センス・オブ・ワンダー』新潮社.）

Egan, K., 2005, *An Imaginative Approach To Teaching*, Jossey-Bass.（＝2010，高屋景一・佐柳光代訳『想像力を触発する教育——認知的道具を活かした授業づくり』北大路書房.）

第**2**章　レイチェル・カーソンから広がる 新たな教育実践

村上紗央里

　本章では，カーソンから広がる新たな教育実践として同志社大学政策学部で行われた「政策トピックス　レイチェル・カーソンに学ぶ現代環境論」がどのような教育実践かを示していきます。

◼ 授業実践の前提・経緯

　本章は，公共政策学教育の枠組のなかで，カーソンの生涯や思いを受けて取り組まれた環境や環境問題についての授業実践の設計をする章です。第１章で見てきたカーソンの考えに立って，環境や環境問題に関する教育実践を進めるうえで大切にすべきことはどのようなところにあるのかを考えていきたいと思います。

　私たちは，生涯を通じて，環境とかかわり，環境のなかで暮らしています。しかしながら，私たちは，日常のなかでたくさんの情報に触れ，日常性に取り込まれ麻痺してしまうことがあります。そのため，自分の「センス・オブ・ワンダー」を置き去りにして，メディアの受け売りのように環境や社会を捉えてしまい，問題の本質について感じ，考えることを忘れてしまうおそれがあります。そこで，「センス・オブ・ワンダー」をもとに，自分が感じることを大切にする教育実践が必要だと考えました。また複雑さを増す環境問題を包括的に理解し，その解決に向けたアプローチを考えることは，簡単なことではありません。環境問題へのアプローチは複雑で多様で，一人ひとりではそれをカバーすることは難しく，ついつい表面的な知識だけで判断しまうことになります。そのため，どこか遠い世界で起こる他人ごととして認識して（自分にもかかわる

15

第1部　レイチェル・カーソンを手がかりとした教育プログラム

問題として理解しないで），誰かが解決してくれるものと思ってしまうところがあります。そこで，環境問題を国や自治体，誰かが解決してくれる問題として捉えるのではなく「自分ごと」として当事者意識を持って考えていくような教育実践が必要となります。そういった教育実践で「センス・オブ・ワンダー」をはたらかせるような学びができればと考えました。

　したがって本章では，カーソンの考えに立って，「センス・オブ・ワンダー」を通じて感じることの大切さを実感しながら，当事者意識を持って環境問題を考え，行動することができるようになることをめざす教育実践を生み出したいと考えました。具体的には，**第1章**で示されたカーソンから学ぶ5つの教訓──①生命や自然への畏敬の心を持つこと，②生きもの相互そして環境との空間的・時間的なつながりの視点，③「センス・オブ・ワンダー」の大切さ，④トランス・サイエンスの視点，⑤環境問題に対して信念を持って行動すること，をふまえた教育実践です。

　では，なぜカーソンの思想や考えを受けて教育に取り組むのかについて説明したいと思います。環境問題の解決には，水質基準や廃棄物処理基準などの直接規制，環境対策の補助金や温室効果ガスの排出量取引などの経済的手法，環境教育や環境情報提供などの普及・啓発が代表的な手法としてとられています。このような手法を用いて行動することができるのは，私たち人間です。ですから，私たち自身は，責任を持って環境と向きあうための基本的な姿勢や態度を身につけることが大事になってきます。同時にこうした基本的な姿勢や態度の習得は，すべての人間社会の諸問題の解決にも求められていることだと思います。このような観点から，環境問題を解決し，持続可能な社会を実現するための方法として，教育に注目し，実際に教育実践に取り組むことにしました。

　本書では，社会問題や環境問題を考えることができる市民性の涵養をねらいとする授業に着目することにしました。そのために専門知識の体系を学習する専門教育ではなく，導入教育として，また教養教育として身近な問題を考えてもらうような教育実践に取り組みました。導入教育は，通常は初年次教育として位置づけられ，学習の仕方，資料の集め方，レポートの書き方など，大学生活を自主的に過ごせるようにする教育です。導入教育では，高校までと異なる学習の方法に親しみ，自主的・主体的に学ぶ方法を習得すること，同時に現実

に起こっている社会の問題や大学での学問研究をすることへの関心を持ってもらうことがねらいになります。本講座を開講した同志社大学政策学部のカリキュラムでも、「社会のさまざまな現象を社会科学的に見る目を養うため」の導入教育の学びが重視されています。

　本書の実践は、また教養教育の実践です。教養教育では、大学生として、また成人としての基礎をつくるという意味で、専門知識を深く掘り下げることよりも、広く多様な領域の知識や考え方に触れることが大切になってきます。教養教育は、文理融合型で幅広い知識を身につけ、多角的にものごとを見て自主的・総合的に考える人物を養成する教育、そして今後の専門教育や社会人としての基礎をつくる、将来の活躍に備える教育です。自分の身の回りの環境について、知識をもとに多角的に考えていくようになることは、市民としての力をつけていくこと、大人としての力をつけていくことに通じていきます。カーソンの考えに立って、環境や環境問題について考える本書の教育実践は、導入教育として、また教養教育として展開することが最適ではないかと考えました。

　筆者は、カーソンの考えに立った導入教育・教養教育の実践に向けて、大学教育における環境教育の実態を調査しました。文献や資料を読んだり、学会やシンポジウムに参加したり、さらには実際に講義をする研究者や実務家へのインタビューを行うなどして、大学教育における環境にかかわる教育の実態を調査していきました。ちょうどその頃、授業でワークショップ（中野 2001）を体験し、参加型の場づくりに注目し、自分でも実践的に取り組む機会を得ました。それは、同志社大学政策学部に在籍されていた中野民夫氏（現・東京工業大学教授）の講義でティーチング・アシスタントを務めていた経験（2012年度、2013年度）です。その講義では、学生の主体性を引き出すさまざまな工夫がなされ、学生が生き生きと学ぶ姿が見られました。ティーチング・アシスタントという立場から教える視点を持って参加型授業にかかわったことで、導入教育でアクティブ・ラーニング型授業をデザインする基本的な考え方やポイントを学びました。

　教育実践を調べていくなかで特に大きな出会いとなったのは、国際基督教大学の「環境研究」の教育実践でした（布柴 2013）。「環境研究」は、講義中心の座学と学生主体のグループ・プロジェクトの2つのパートで構成されており、

第1部　レイチェル・カーソンを手がかりとした教育プログラム

アクティブ・ラーニング型授業と PBL の組みあわせとして教育が展開されていました。授業では，人文・社会・自然科学などの教員による環境についての講義や学外の専門家による現場を知るための講義によって知識を修得し，学生どうしの活発なグループ・ディスカッションを通じて学んでいました。その授業の発展的なパートとして，学生たちは授業外でのグループ・プロジェクトに取り組み，地球レベルの環境問題を選び，現状について調査し，問題を絞り込み，国際基督教大学で実現可能なアクションをポスターセッションにおいて提案していました。さらに授業から発展して，正課外において，受講者の有志が主体となって，教職員・学生参加型のサスティナブル・キャンパスに向けた活動を展開していることも特徴でした。

　筆者は「環境研究」を担当している布柴達男教授と受講生にインタビューする機会をもらい，経緯や授業内容，教育方法，受講生の反応について尋ね，具体的な授業デザインを検討するための示唆を得ました。それを受けて，「環境研究」の3つの点に注目しました。1つ目は，文系・理系を問わず，多角的に環境についての学びを深めていることです。2つ目は，学生どうしが環境についての考えを出しあって話しあう機会があることです。3つ目に，学生の主体性にもとづいてポスターセッションのかたちで自分たちの考えをまとめ上げていることです。

　このように，参加型の授業づくりや「環境研究」の着想を得て，授業デザイン（授業の目的や目標，内容，方法）を決定していきました。

❷ 大学での授業の基本的な枠組

　それでは，授業での基本枠組について見ていきます。はじめに教育目標，次に教育方法について考えていきます。教育目標は，理念的な性格を持つ方向目標と，実際に到達する地点を示す到達目標に分けられます。

　授業ではカーソンの考えに立って，「センス・オブ・ワンダー」を通じて感じることの大切さを実感しながら，当事者意識を持って環境問題について考え，行動することができるようになることが望まれます。科学と結びついた市民生活のなかで，「センス・オブ・ワンダー」を通じて，感じることを大切に

第 2 章　レイチェル・カーソンから広がる新たな教育実践

表 2-1　授業テーマと目標

テーマ	わたしと環境の関係について考える
方向目標	環境問題に対して，自分の生活を見直し，行動を変えていくこと。
到達目標	環境問題を自分の生活と結びつけて考えることができるようになること。

出所：筆者作成

しながら，環境問題について考え，自分自身の生活を見直し，行動に変えていくことがめざすべき方向目標であるといえます。

　このような方向目標のためには，専門家を育成するための教育ではなく，市民として環境とかかわる際の基本的な考え方や態度，姿勢を身につけるための教育が必要になってきます。すなわち，個人が日常生活のなかで環境とかかわり行動する際の基本となる指針を持てるようにするための教育を行うということです。

　以上をふまえ，到達目標を「環境問題を自分の生活と結びつけて考えることができるようになること」と設定しました。このような到達目標と方向目標から，本授業のテーマを「わたしと環境の関係について考える」としました（表2-1）。

❸ 15回の授業デザイン

　次に大学での授業として進めていくために，授業実践の方法を示していきます。ここでは，授業内容と教育方法に分けて示していきます。

　授業内容は，カーソンの生涯や思いについて学んだうえで，現代の環境問題を解決するための多様なアプローチについて，文系・理系を問わず，さまざまな角度から学ぶことを重視しました。多様なアプローチに触れられるよう，研究者や実務家などの異なる立場の専門家に講義をしてもらいました。また，学生に近い20代の方から80代の方まで，さまざまな世代の方が登壇することで，過ごしてきた時代や環境による捉え方や考え方の違いについても学んでほしいと考えました。自分の見方や考え方をつくるとともに，環境にかかわる多様なアプローチや考え方に触れることができるように授業をデザインしました。そ

19

第1部 レイチェル・カーソンを手がかりとした教育プログラム

のうえで，自分自身の環境とのかかわりについて，現在の生活を振り返ったり，将来仕事に就くときや仕事のなかであったり，家庭を持って子どもを育てるようになったときなど，さまざまな場面を想像しながら自分の考えを磨いていくことを重視しました。

　このような基本的な考え方のもと，15回の授業を３つのパートに分けることにしました。１つ目のパートでは，カーソンの生涯や思いについて学びます。ここでは**第１章**で示された５つの教訓（①生命や自然への畏敬の心を持つこと，②生きもの相互そして環境との空間的・時間的なつながりの視点，③「センス・オブ・ワンダー」の大切さ，④トランス・サイエンスの視点，⑤環境問題に対して信念を持って行動すること）を学び，環境問題について考えます。カーソンの功績は現代に通じるものであって，環境問題を考えるうえでの基本的な手がかりになるものです。

　２つ目のパートでは，環境問題への多様なアプローチについて，研究者や行政担当者，NPO 関係者など，さまざまな分野の専門家から学ぶパートを設けました。研究者の方々には，環境や環境問題の考え方，公害問題から現代の問題に至る歴史的な変遷についての講義を依頼しました。行政担当者や NPO 関係者などの実務家の方々には，環境問題の実態とその問題への具体的なアプローチについて実践に即した講義を依頼しました。

　３つ目のパートでは，１つ目と２つ目のパートで学んできたことをさらに発展させるためのパートとして，学生自身の関心にもとづいてグループをつくり，環境問題の実態やそのアプローチについて発表するパートとして設定しました。もちろん毎回の授業のなかで，一人ひとりの感じ方を大切にしながら，考えを育めるようにしています。しかし，それは授業内容に関連しているものであって，学生自身がテーマへの関心を持って深めていくものではありません。テーマを自分たちで設定しまとめていくことで，授業での学びを活用したり，たくさんの情報を収集しそれを整理して分析することができます。関心にもとづいているからこそ，熱心に取り組むことができますし，それを表現することで，自分のものとすることができます。

　実際の授業は，**表２-２**，**表２-３**のように展開しました。３つのパートの順に展開することを構想しましたが，2014年度はスケジュールが入れ子となりま

20

第2章　レイチェル・カーソンから広がる新たな教育実践

表2-2　2014年度講義シラバス

	テーマ	担当者
1回	ガイダンス，レイチェル・カーソンの生涯	新川達郎・原強・村上紗央里
2回	人間にとっての「環境」とは何か——レイチェル・カーソン思想を学ぶための基本的概念	鈴木善次
3回	『沈黙の春』とその社会的意義	上岡克己
4回	カーソンの世界観への理解を深める——『センス・オブ・ワンダー』を通じて	村上紗央里
5回	海の3部作と海洋汚染の問題	浅井千晶
6回	レイチェル・カーソンと『センス・オブ・ワンダー』	竹内通夫
7回	レイチェル・カーソンについての学びの総括と現代の環境問題の主要な領域について	新川達郎
8回	日本の公害問題の歴史的教訓——レイチェル・カーソンの業績と関連して	宮本憲一
9回	科学から環境を考える——環境問題を理解するための「科学」についての考え	平川秀幸
10回	ポスター発表に向けた準備1　グループづくり	村上紗央里
11回	エネルギー問題・気候変動問題から環境を考える——NGOでの取り組みを中心に	田浦健朗
12回	ベトナム戦争の枯れ葉剤被害から環境を考える——ドキュメンタリー映画の制作を通じて	坂田雅子
13回	食から環境を考える——『未来の食卓』から始まった構想と実践	藤井千亜紀
14回	ポスター発表に向けた準備2　プレゼンテーション練習	新川達郎・原強
15回	公開シンポジウム「現代に生きるレイチェル・カーソン——センス・オブ・ワンダーを未来に」	嘉田由紀子・上遠恵子・新川達郎

出所：筆者作成

した。2015年度は3つのパートがまとまりをもって展開することができました。

❹ 教育方法の基本的デザイン

　この授業は，アクティブ・ラーニング型授業を基本としています。アクティ

第1部　レイチェル・カーソンを手がかりとした教育プログラム

表2-3　2015年度講義シラバス

	テーマ	担当者
1回	ガイダンス，講座についての紹介	新川達郎・原強・村上紗央里
2回	レイチェル・カーソン1　レイチェル・カーソンの生涯と思想	村上紗央里
3回	レイチェル・カーソン2　『沈黙の春』の50年	原強
4回	レイチェル・カーソン3　センス・オブ・ワンダーを中心に	上遠恵子
5回	4回の講義のふりかえりと「環境とは何か考える」	村上紗央里
6回	環境問題や環境政策をどのように考えればよいのか	新川達郎
7回	環境問題へのアプローチについて学ぶ1　食環境について	鈴木（藤井）千亜紀
8回	環境問題へのアプローチについて学ぶ2　温暖化対策について	山本元・藤田将行
9回	環境問題へのアプローチについて学ぶ3　水銀問題について――水俣条約をふまえての取り組み	原強
10回	環境問題へのアプローチについて学ぶ4　企業の環境への取り組み――パタゴニアと私のライフスタイル	瀬戸勝弘
11回	ポスター発表に向けた準備1	村上紗央里・新川達郎
12回	ポスター発表に向けた準備2	村上紗央里・新川達郎
13回	ポスター発表に向けた準備3	村上紗央里・新川達郎
14回	公開講座	坂田雅子
15回	公開講座のふりかえり・まとめ	新川達郎・村上紗央里

出所：筆者作成

ブ・ラーニング型授業は，書く・話す・発表するなどの活動への関与とそのなかで考えや知識を外化していくことを特徴とする教育形態です（溝上 2014）。アクティブ・ラーニング型授業では，一方通行で知識を受動的に受け取る学びではなく，活動への関与と知識の外化を通じての学びを生み出すことがめざされます。この授業でも，学生一人ひとりが自分の考えをワークシートに書き出

第2章　レイチェル・カーソンから広がる新たな教育実践

表2-4　授業の基本的な流れ

```
①　問いの提示
②　講　義
③　ワークシートへの記入
④　グループワーク
⑤　全体で共有
⑥　ふりかえり
```

出所：筆者作成

して，それを学生どうしのグループで互いに発表しあうような活動を取り入れました。そのようなアクティブ・ラーニング型授業で身につく力は，知識基盤社会と呼ばれる現代社会において求められている力であり，民主主義社会のなかで市民として生きていくうえで大切な力です。それでは，本書で示す教育実践の基本的なデザインとそのなかでの工夫を紹介していきます。

1つ目のパートと2つ目のパート（第1回～第10回）について

　第1回から第10回までの2つのパートの授業の基本的な流れは，**表2-4**のとおりです。授業ではワークシートを用意し，学生の考えを記述できるようにしています。授業の終わりに感想を求めるのではなく，講義を受ける前と後，グループワークや授業の終わりに求めるようにしました。講義や他者の意見を受けて考えが変化することもあるでしょう。そのことに自覚的になってもらうためにも，段階を分けて自分の考えをまとめることが有効だと考えました。では，各回の進め方を見ていきましょう。

　①問いの提示　授業のはじめに，授業内容に関心を持ってもらうための問いを提示します。授業では，さまざまな内容の講義が展開されます。いきなり授業に入ったり，授業のねらいを軽く提示するだけでは，授業への準備が整わないこともあります。授業の最初に導入となるような問いを投げかけることで，授業内容への関心を高め，授業内容と学生自身の距離を縮め，授業に参加できるよう促しました。

　ここでの問いは，日常生活にかかわることや講義内容へのイメージといった学生が講義内容を自分に引きつけて捉えることができるようなものとしています。授業で学生に受け取ってほしいことは，環境問題について当事者意識を

持って考えてもらうことです。専門的な知識について知っているかを尋ねたり，正解不正解のあるような問いでは，「難しそうだな」という印象を持たれてしまう可能性があります。学生が自分に引きつけて考えることができるように，学生がその時点で持っている自分自身の関心を尋ねるような問いかけを行うこととしました。

　こうした学生の関心に結びついた問いかけを意識したこともまた，カーソンの考えに負っています。学生に寄り添って学習を共につくっていこうとすることが，市民と科学を共につくっていこうとしたカーソンの立場に沿うことになると考えました。その一方で，専門的な知識の重要性を軽く見るのではなく，カーソンや環境や環境問題についても，知識を習得することを大事にしています。そうした知識の習得は講義パートが担います。講義パートに入る前に学生が自分の関心にもとづいて問いかけられることで，問いを持つようになると考えました。そうすることで，講義を聴く前にも，問いを考えたり，授業で示された知識を問いに関連づけたり，自分から問いを持つようになっていくことを期待しました。

　②講　義　　ゲストスピーカーに講義を依頼する際に重視したのは，講義の冒頭に講義内容にかかわる個人的なエピソードを紹介してもらうことです。講義テーマにかかわりを持つようになったきっかけ，なぜ関心を持ったのか，なぜ研究や実務を通してかかわろうと思ったのかなど，個人的なエピソードを話してもらうようにしました。本書でも，各章の冒頭に「✐ **環境に関するプロフィール**」として，①環境や環境問題を考えるようになったきっかけ，②今回の講義テーマとの関係，③レイチェル・カーソンとの出会いや受けた影響，の順に執筆してもらいました。

　このことを重視した理由は，ゲストスピーカーの方が実際にどのように講義テーマにかかわるきっかけを持ったのかを知ることで，環境問題への関心の持ち方を個人の生き生きとした経験から学ぶことができると考えたからです。それだけでなくそうしたゲストスピーカーの人生を自分自身に置き換えて考えることもできるでしょう。自分だったらどうしただろうか，自分の状況と似ている部分があるかなどを考えることで，環境問題を自分ごととして考えることにつながると期待しました。

③ワークシートへの記入　講義を受けた後には，講義内容について感じたことや考えを出してもらいます。書き出す時間を10分ほど持つようにしました。後に続くグループワークでは，何の準備もなく意見を述べることができる学生ばかりではないので，ワークシートのなかで考えをまとめ，自分の意見を発言しやすくなるように取り組みました。また，後で他の学生に向けて発信することを想定してワークシートで自分の意見や考えを練ることは，単なるメモ以上の意味を持ちます。自分が感じたことは何か，いいたいことは何か，伝えたいことは何かといったことを考えながら自分の意見を書き出します。このように書き出すこともアクティブ・ラーニング型授業の重要な活動です。何となく上手く話すことができることよりも，内容の意味を丁寧に考えたうえで話すこと，できれば上手く話すことがめざされます。うまく話すことができるということは，話したい内容の意味を突きつめた結果としてついてくるものです。

④グループワーク　グループワークでは，授業の冒頭でワークシートに記述してもらったことと講義を受け感じたことや考えを共有し，その後自由に意見交換をします。グループワークについては，「一人ひとりが自分の意見を述べることができるように」という大原則と，「順々に進めていくこと」「他の学生が発言しているときにはしっかりと耳を傾けること」をルールとして説明しました。毎回のグループは，友人や知人でメンバーを固めるのではなく，学年や学部を超え，さまざまな人とかかわることができるようにしました。実際の授業では，ゲストスピーカーや参観者のカーソン協会の方々にも入ってもらうようにしました。また，2014年度には筆者がそれぞれのグループの様子を見て声をかけるようにし，2015年度には2014年度の受講生の有志の学生3名がファシリテーターとしてグループに入りました。

　グループワークで自分の考えを発言したり，他の学生の考えを聞いたり，場合によっては年長世代の考えを聞くことになります。そうすることで，自分とは違う考えについて学んだり，自分の理解の不十分なところに気づいたり，自分の考えの価値のあるところを発見したりしていきます。異なる考えを出しあって，照らしあわせていくなかで，より深い理解がつくられていきます。自分の考えと他の学生の考えを比べたり，共通点や相違点を探したり，さらにな

第1部　レイチェル・カーソンを手がかりとした教育プログラム

ぜ違うのかを考えたりすることを通して自分の考えを深めていき，その過程で自分自身の価値観についても考えることになります。なぜ自分はそのように考えるのかということを問い直すことで，自分自身の価値観についても考えるようになるのです。そしてまた，他の学生や年長者の方々がなぜそのように考えるのかに意識を向けることで，自分の価値観だけでなく異なるさまざまな価値観に気づき，そうした多様な価値観をふまえたうえで自分の価値観についても考え続けていくことになります。知識や経験豊かな年長者の考えとその基盤にある価値観について触れながら，自分の考えを深め，自分の価値観について考えていくことで，学生は環境について広く深く学んでいくことができます。

⑤全体の共有と⑥ふりかえり　　授業の最後には，それぞれのグループで話しあわれたことを教室全体で共有する時間を設けるようにしています。その時間があることで，グループのなかで議論を深めようとするモチベーションになります。またその発表の際に出た意見に対して，コーディネーターやゲストスピーカーがフィードバックを行い，複数のグループの議論をまとめたり，話しあわれた内容やそこで出てきた考えを紹介したり，さらに考えて欲しいことを投げかけたりしました。グループで話しあうだけでは，何が大切なところかを気づかずに過ごしてしまうこともあるでしょう。最後に大切なことを強調し，学生自身も「それが大切だな」と再度認識できるように「まとめ」を意識しました。

　その際には，その回で扱われた内容だけでなく，それまでの授業で取り上げられた内容と結びつけてコメントするように促します。学生が自分で各回の授業内容を結びつけられるような足場とすることを意識しました。また，グループワークで議論して考えることを授業時間だけでやめてほしくないと思い，授業の後も，日常の生活のなかで考え続けることができるよう，さらに問いかけることを大事にしました。そして最後に，授業全体を通じた感想をワークシートに示すことを求めました。

3つ目のパート（第11回〜第15回）について

　3つ目のパートの基本的な流れは，**表2-5**のとおりです。1つひとつについて説明していきます。

26

第2章　レイチェル・カーソンから広がる新たな教育実践

表2-5　ポスター発表までの基本的な流れ

① グループづくりと発表のポイント提示
② グループでの作業
③ 予行演習と公開講座での最終発表

出所：筆者作成

①グループづくりと発表のポイント提示　最終の発表に向けて，学生に3～4人でグループをつくります。グループづくりに関する工夫として，各自の関心を発表しあって，その関心をもとにグループをつくるようにはたらきかけました。具体的には，「あなたの関心のある環境問題について，関心を持った理由とその現状」を述べるレポートを課して，そのレポートをもとに各自の関心を教室全体に発表します。それを聞いたうえで，自主的にグループをつくるようにします。自分のテーマや関心に近い内容，テーマとは違っていても惹かれる内容があれば，それを手がかりにして，自由にグループをつくっていきます。提出されたレポートをもとに機械的にグループを割り振るということはしませんでした。お互いの関心を聞いたうえでグループをつくるという体験自体が学生にとって貴重な学びになると考えたからです。一人ひとりの意思でグループをつくるということから，授業への参加を求めました。結果として，授業での交流がなかった学生であっても，互いに環境問題に高い関心を持っていることを知り，モチベーションを高く持って取り組むグループやオリジナリティ溢れるテーマの発表に関心を持って集まったグループなど，さまざまなグループが生まれていきました（大学の食料廃棄問題の現状について大学生協（食堂やコンビニ）での食品ロスの実態を調査したグループや，大飯原発再稼働の意思決定について授業で学んだカーソンの考えをもとに提案をしたグループなどの発表がありました）。

②グループでの作業　最終発表では，環境にかかわるテーマを各グループで設定したうえで，「テーマ選択の理由」「テーマに関する課題を解決するための方法」「まとめ」という流れで発表します。発表の準備は各グループで進め，授業で取り上げられたテーマだけでなく，自分たちでテーマを決め，調べることを求めています。さまざまな情報を収集して分析し，まとめをして人に伝えることで，その内容についての理解やテーマについ

27

第1部　レイチェル・カーソンを手がかりとした教育プログラム

ての思考が深まります。グループのなかでもその機会を設けられるよう，「〜って何だろう」「〜はどうして起こったのか」といった調べることが出てきた際には，参考になる情報ソースを示して調べることを促しました。

　グループでの作業は，授業内でも準備時間を設けていますが，授業外にも連絡を取りあったり集まったりして自由に進めるようにしています。授業中には，グループをまわり質問を受け付け，授業外にはメールで情報の集め方やポスターのつくり方などについて相談を受けました。このグループでの作業では，授業で取り上げられたテーマをそのまま受け取るのではなく，自分たちで決めたテーマについて一人ひとりが考えを出して互いに学びあうことが大事だと考えています。自分たちでテーマを選択して環境について考える主体性が，知識基盤社会のなかで環境問題にアプローチするうえでとても大切になってきます。グループのなかでの小さな経験の積み重ねがそうした主体性の土台になっていると考え，グループでの作業は学生の意思に任せて進めるようにしています。

　③予行演習と公開講座での最終発表　　最終発表は，授業の最終回を公開講座として，広く市民に開放された機会としています。2014年度は，嘉田由紀子氏の基調講演とパネルディスカッションを行いました。パネルディスカッションには，嘉田由紀子氏，上遠恵子氏，新川達郎氏が登壇し，筆者がコーディネーターを務めました。2015年度は，坂田雅子氏の映画作品『沈黙の春を生きて』の上映と講演会を行いました。多くの人々が聞きに来る機会とすることで，学生は他者を意識した発表を心がけることになります。ポスターを提示することに加え，外部からの参加者に向けてパワーポイントを用いたプレゼンテーション（5分間）で発表する場を設けました。

　発表の質を高めるために，公開講座での発表の前に予行演習として，当日を想定した発表練習の授業日程を設け，教員やカーソン協会の方々から講評を受ける機会としました。また他のグループの発表を聞くことで，刺激を受けたり，自分たちのグループの改善点を見つけたりして，最後の追い込みへモチベーションを高めていきました。発表内容から刺激を受けることはもちろんのことながら，ちょっとした工夫も他のグループから学んでいました。たとえ

ば，発表の際に配布資料を別につくるというグループの工夫を参考に，発表当日には同じやり方で配布資料を用意したグループも見られました。

5 教育方法の特徴と工夫

　教育方法としてアクティブ・ラーニング型授業をつくっていく際に，特に重視したことについて述べていきます。

　1つ目に，学生が自分の考えを，学生どうしや教室全体で発言できるようにすることを重視しました。これは，自分の知識や考えを出していくというアクティブ・ラーニング型授業の基本となる点です。自分の知識や考えを発言できるように，準備する時間を設けることと，授業時には発言を促す問いを示すことを重視しました。

　2つ目に重視したことは，ワークショップ型の話しあいの場を経験したことがない学生への配慮です。集団における発言には，それに相応する準備の時間が必要です。アクティブ・ラーニング型授業，特にそのなかで話しあいに慣れていない学生も，その教育手法に慣れて積極的に発言できるように，自分の考えをまとめて発言内容を考える時間を用意しました。

　3つ目に，学生が自分の考えを明確にできるように，問いを示すことを大事にしました。環境問題に対しては，さまざまな考えや価値観の存在を認識し，その多様性を理解したうえで，自分の価値観をどう持つかが重要になってきます。学生一人ひとりが自分の価値観にもとづき，自分の考えを出せるように，自由回答型で具体的な問いを提示することを大事にしています。アクティブ・ラーニング型の授業の教育方法として，問いの持つ役割はきわめて大きいものです（中野 2001；中井編 2015）。

　4つ目に，ゲストスピーカーと事前の打ち合わせを重ね，講座の目的や教育方法を伝え，共有するようにしました。たくさんのゲストスピーカーが登壇する授業の場合，各回につながりをもたせることが難しいところです。またゲストスピーカーには，アクティブ・ラーニング型授業に慣れていない方もいますので，講義をどうつくってもらうかを説明する必要がありました。講座の趣旨や進め方をできるだけ丁寧に説明し，内容の選定や順序について事前に打ち合

わせをするようにしました。講義の内容は非常に価値があるので，コーディネーターとして学生が受け取ることができるかたちにしていくことに特に気を配りました。

5つ目に，教室全体の雰囲気づくりに注力しました。必ず他の学生から学べることがあるので，お互いの学びを尊重すること，ゲストスピーカーに失礼のないようにするといったルールを守ることを学生に求めました。そのうえで，学生どうしが自由に意見交換できるような雰囲気づくりをしました。それぞれのグループの様子を見てまわりながら，意見交換が滞っていれば，話しあわれていたことを確認したり，質問したり声をかけるようにしました。

6つ目に，多角的な教育評価を行い，その結果を活かすようにしました。毎回の授業では，学生にワークシートを記入してもらいました。ワークシートやレポートに目を通すなかで，学生が自分の言葉で感じたことや考えたことを文章化できるようになっていたことを確認したり，そうした表現がまだできていないことを発見したりすることができました。まだできていないことがわかった場合は，実際の学生の記述の例を挙げて全体に向けてフィードバックするといった工夫を講じるようにしました。

最後になりますが，毎回の授業には，ゲストスピーカーや参観者のカーソン協会の方々そして学生スタッフから受講生の様子について感想をもらい，授業に活かしていくことを重視しました。授業が終わった後に30分程度の振り返りの時間を持ち，主にグループワークで話しあわれた内容や受講生の参加の様子について，感想や改善点について話しあいました。ゲストスピーカー，参観者，学生スタッフのそれぞれの視点から多角的に学生の学びを捉え，授業の様子を確認していくようにしました。また，改善点について指摘があれば，その後の授業で活かすようにしました。

＊参考文献

中井俊樹編，2015，『シリーズ大学の教授法3　アクティブラーニング』玉川大学出版部.

中野民夫，2001，『ワークショップ——新しい学びと創造の場』岩波書店.

布柴達男，2013，「ICU 環境研究のダイナミズム　学びからアクションへ　アクティブラーニングの実践」『第3回アジア環境人材育成研究交流大会——持続可能な社会に向けたアジアの大学教育最前線発表要旨集』，58-61.

第 2 章　レイチェル・カーソンから広がる新たな教育実践

溝上慎一，2014，『アクティブラーニングと教授学習パラダイムの転換』東信堂.

第2部───環境問題への理論的アプローチ

第3章　人間にとっての「環境」とは何か

鈴木　善次

🖋 環境に関するプロフィール

① 私が「環境」「環境問題」にかかわりを持ったきっかけは，1970年の国会で，当時厳しさを増していた「公害」への対策の１つとして「公害教育」の実施が決められ，それを受けて各地方自治体の教育委員会などで具体的方策が練られたときです。所属していた神奈川県立教育センターでは「自然保護」も含めた教員向けの「公害」関連冊子を作成（1971年）。私は科学史の立場から，環境問題の背景でもある「自然認識の歴史」を担当しました。山口大学に転任し，「人間環境論」という講義を担当した間（1973〜83年）も同様，主として「科学技術のあり方」を学生さんたちと検討しあいました。

② 「科学技術」は現代人にとって重要な「環境」の１つ。そのことを認識していただくうえで「環境」や「環境問題」という言葉の意味をしっかり理解してほしいと考えて今回の講義内容を準備しました。

③ カーソンとの出会いは①の冊子づくりのとき，『沈黙の春』を読んだのがきっかけ。山口大学の後，大阪教育大学に転任し，「環境教育」の教育と研究に関わってきました（1983〜99年）が，その活動にカーソンの思想（「生命への畏敬」など）が私に大きく影響を与えています。

はじめに

いまから30年ほど前，私は山口大学から大阪教育大学へ転任しました。そのとき，同志社大学で私と同じように科学史を研究・教育されていた知人から，週１回同志社大学で科学史の講義をしてほしいという依頼を受けました。それから15年間ほど，今出川，新町，京田辺のキャンパスに通いました。

では，大学でみなさんに科学史を学んでいただいたのはどのような理由からだったのでしょうか。ご承知のように現代の文明というのは，科学や科学技術を中心とする文明，いわゆる「科学文明」と称されるものです。この科学文明が，本当に人間にとってよい文明なのだろうかという問題意識を持った一人が

カーソンですが，私も科学文明の是否を検討してきました。しかし，そのためには「そもそも科学文明とはどのような文明なのか」を知る必要があります。みなさんに「科学史」を勉強していただいたのはそのためでもあります。

　人類の歴史には時代とともにさまざまな「文明」の栄枯盛衰がありました。それらと現代の「科学文明」とを比較してみるのです。「科学文明」は「物事を科学的に考えることがよいことである」という価値観を多くの人が共有し，「科学的知識を活用して開発された技術（科学技術）が人々の生活のなかに広く浸透している」という2つの特徴を持った「文明」です。

　科学技術はとても便利です。そういう便利さを，私たちは，毎日毎日当然のこととして暮らすようになりました。しかし，それがいま「環境問題」というかたちで，人類全体に突きつけられているのです。言い換えますと，「今日の環境問題」は大きくは「科学文明の問題」であるということです。

いわゆる「環境問題」ということ

　私が担当する講義のテーマは，「人間にとっての『環境』とは何か」ですが，このことをしっかり理解しないと，「科学文明のあり方」を問い直そうと提案しているカーソンのことも理解できないのではないかと考えるのです。

　そこで，あらかじめみなさんに「環境問題という言葉を聞いて，どのようなことを思い浮かべますか」という質問をさせていただきました。その結果，いわゆる「地球温暖化の問題」を挙げた方が一番多かったのです。10年ぐらい前，私が東京の大学で同じ質問をしたことがありますが，やはり多くの学生が「地球温暖化」を挙げました。しかし，それより前（1970年代），当時の勤務校山口大学で学生たちに「君たちにとって環境問題とは何か」と聞いたときには，学生たちからは当時話題になっていた「瀬戸内海の赤潮」や「酸性雨」などという答えが多く返ってきました。「地球温暖化」は，まだニュースなど一般には「問題」になっていなかったからでしょう。一人も取り上げませんでした。なかには面白い学生がいて，この方は「学生寮の隣の部屋からの麻雀の音が自分にとっては環境問題だ」と。

　そこで先の「地球温暖化が環境問題です」と答えてくださった学生の一人に，「その問題を自分の環境問題だと考えるならば，何か対策を立てていますか」

第2部　環境問題への理論的アプローチ

と聞いたところ，「いえ」というわけです。地球温暖化を挙げた理由は「よく
テレビで話題になるから」でした。

　さて，テレビの情報から「地球温暖化」を挙げた学生と，「自分にとって喧
しいから麻雀の音」と答えた学生，どちらが望ましい対応でしょうか。もちろ
ん両方大事なのですが，自分のものとなりきれないかたちで，言葉として「地
球温暖化・気候変動」などと答える人がかなり多く見られることが私にとって
気がかりでした。

「環境主体」という概念

　大事なことは，「環境」や「環境問題」という言葉を使うとき，それらの持
つ意味を明確にすることです。人によって異なっていたのでは議論がかみ合い
ません。私はこれらの言葉を使うとき，必ずある言葉（概念）を頭に入れてお
きます。みなさんには耳新しい言葉かもしれません。それは「環境主体」とい
う言葉（概念）です。

　あるとき，「川の環境を研究している」といった一人の研究者に，そのとき
の「環境主体」は何かと聞いたことがありますが，その方は「環境主体」とい
う言葉を知りませんでした。そこで具体的にどのような調査をされているかを
尋ねると，その川に生息する魚の種類やそれらの生活状況を調べているという
ことでした。学問的には生態学の分野ですので，それはそれで重要な研究で
す。ただ，そのときに何を「環境主体」（その川で釣りをしている人か，川に棲ん
でいる魚か……など）と考えて研究するかによって研究方法などが大きく異なっ
てきます。そのことを考えていただくためにも，「環境主体」とはどのような
ことか，なぜ重要な概念なのかなど私の考えを述べさせていただきます。

　図3-1に描かれている同心円のなかに「環境主体」という言葉があります。
この図には，「環境主体」の周りに，黒と白の丸が描かれています。これは「環
境主体」の周りにあるさまざまな事象（事物・現象）を表しています。そのうち，
黒のほうだけ，「環境主体」と矢印でつなげられています。これは，両者が「か
かわっている」ということを表しています。私はこの黒丸を指して「環境」（ま
たは「環境要素」「環境要因」など）と呼んでいます。いくら周りにあっても白丸
のように「環境主体」とかかわりがなければその「環境主体」にとっての「環

36

第3章 人間にとっての「環境」とは何か

図3-1 「環境」の意味

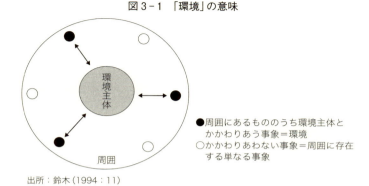

出所：鈴木（1994：11）

境」とはいえないのです。逆にいうと，「環境」という概念は「環境主体」が存在して初めて成り立つ概念なのです。ここで「環境主体」とは「誰々（他の生物の場合は「何々」）にとっての環境」というときの「誰々（何々）」のことを表す言葉です。そこで，「環境」についての私なりの定義を示しておきます。

「環境とは環境主体を取り囲み（取り巻き），その環境主体と直接的，間接的にかかわりを持つ事象（事物・現象）である」と（鈴木2014）。

もちろん，別の定義，たとえば単に「ある空間」や「囲まれた場」などを指して「環境」という定義をされる人もいます。先に紹介した「川の環境」という場合はその例です。また，「環境主体」の周りにあるものはみな「環境」であるという考えもあります。これは，周りにあるものは「環境主体」と何らかのかたちで「かかわっている」という考え方からですが，ともすると，「かかわり」を無視する傾向があります。しかし，私は「かかわっている」ということを重視したいのです。なぜ重視したいかというと，「環境問題」ということを考えるときに必要だからです。

「環境主体」と「環境問題」

では，そもそも「環境問題」とは何なのでしょうか。簡単にいえば「環境主体」と「環境」との「かかわり」が「好ましくない」ことなのです。先ほどの「麻雀の音」の件を例にすれば，「騒音」（好ましくない音）と感じている学生が「環境主体」で，「麻雀の音」が「環境」です。その「かかわり」が「好ましく

37

ない」からその学生にとっては「環境問題」になるのです。逆に麻雀をしている人たちの立場，言い換えれば彼らを「環境主体」として考えると「麻雀の音」はおそらく「騒音」とは感じないでしょうし，むしろ「好ましい音」かもしれません。その場合には「環境問題」は存在しないということになります。「環境」という概念と同様に「環境問題」という概念も「環境主体」が存在して，そのときの「環境主体」にとって「好ましくないかかわり」があった場合，初めて成り立つものなのです。

　もう1つ，「環境主体」が存在してもその人にとって「かかわり」が好ましい場合には「環境問題」が存在しないという例を紹介しましょう。あるとき，テレビで（レポーターの質問に答えている）地球上の寒い地域で農業を営んでいる人たちの姿が映りました。彼らは「地球が温かくなることは良いことだ。なぜなら，作物の収穫がよくなる」と。しばしば，ニュースで話題になる，水没を心配するツバルの人たちとは逆の評価です。「地球温暖化」というのは「環境主体」のことを考えなければ，地球規模で起こっている単なる「気候・気象現象」なのです。したがって，その「現象」と「誰がかかわり」を持つか，言い換えれば誰が「環境主体」になるかによって「環境問題」になったり，ならなかったりするのです。

　ここで「環境問題」の定義もしておきましょう。「環境問題とは環境と環境主体とのかかわりが好ましくない状況である」と（鈴木 2014）。

　ところで，私は長い間「環境教育」（人間にとっての環境や環境問題などについての学習）という分野の研究・教育活動にかかわってきました。以前，その活動の1つとして中学校・高等学校の先生方を対象に環境教育に関する講演をさせていただいたことがあり，そのとき，「環境」や「環境問題」ということを考える場合，「環境主体」という概念が重要であると述べたことに対して，「それぞれの環境主体の問題だということになると，環境問題が個人的な話になってしまうのではないか」という意見をいただきました。

　たしかに「環境主体」を強調しすぎると，「環境問題」がそれぞれの「環境主体」の問題に狭められてしまう可能性がありますが，そうならないようにする1つの活動が「環境教育」なのです。しばしば「環境教育」は「環境（共）育」と呼ばれます（高田・川島 1993）。環境のことを"共に学びあおう"という意味

第3章　人間にとっての「環境」とは何か

です。環境教育では世の中に存在する事象（人間や他の生物も含め）がお互いにいろいろとかかわりあっていることを学びます。そこから，自分も，他人事であった「環境問題」の「環境主体」であることに気づき，関心を持ってもらうのです。そうして同じ「環境問題」の解決に向けての「協働」の心が生まれ，他者への「想い」が芽生えるのです。そのことと関係しますが，次に「環境主体」のレベルということを考えてみましょう。

「環境主体」のレベル

　先に「環境主体」とは「誰々（何々）にとっての環境」というときの「誰々（何々）」のことであると定義しました。「誰々」は人間の場合，「何々」は他の生物の場合です。これは「環境主体」になるものとして「人間か他の生物」を想定したもので，僕はそうした立場をとっています。ときには無生物も「環境主体」になりうると考える人がいますが，ここではそうした考えは外しておきます。

　そこで「環境主体」の基本的単位を考えてみましょう。人間では「個人」，他の生物では「個体」がそれに該当することになります。しかし，人間でも他の生物でも一般には同じような「属性」を持ったものどうしがグループをつくって生活しています。人間では「個人」が集まって「家族」をつくります。さらに「家族」が集まって「地域住民」，もっと広く考えますと「国民」，少し視点を変えますと「人種」，「人類」というように，グループにもいくつかのレベルが成り立ちます。そして，各レベルのグループが「ある事象」とかかわったとすれば，その「事象」はそのグループを「環境主体」とした「環境」になります。そのうえで「かかわり」が好ましくない状況であれば，そのグループにとっての「環境問題」が生まれるということになります。

　1つの例として「人種」というレベルの「環境主体」を取り上げてみましょう。「ある事象」として，「ヨーロッパ系の人種（俗に「白人」といわれます）のアメリカ大陸への移住」という歴史的出来事では，「環境主体」となったものには大きく2つのグループが存在しました。1つは「移住した白色人種」，もう1つは「ネイティブアメリカン」。ここでは両方のグループにとってそれまでとは大きく異なった「環境」がもたらされたのです。それぞれのグループが

39

第 2 部　環境問題への理論的アプローチ

どう評価したか。それぞれのグループ内でも多様な立場，価値観の人たちが存在したはずですので，一概に評価できないでしょうが，大きく見れば，一方は「環境改善」，もう一方は「環境悪化」？　このあたりはぜひみなさんでご検討ください。

　そこで，さらに「環境主体」のレベルを上げ，「人類」を１つのグループとして考えてみましょう。実は，そうした視点で考えることの重要性を指摘したのがカーソンなのです。「人類」に対置させたグループといえば各種の「生物」たちです。カーソンは，地球は自分たち人類だけのものではない，人類にとって好ましい環境でも他の生物にとってはたいへんつらい環境になっているかもしれない，自分たちのことだけでなくそれぞれ「環境主体」になっている他の生物たちのことも考えよう，と。

人間環境の特徴

　ここまで「環境」「環境主体」「環境問題」という言葉についての考えを紹介しましたが，カーソンも私も再考を促している「科学文明」を考えていただくうえで，もう１つ述べておきたいことがあります。それは「人間環境の特徴」です。人間環境を構成しているものを見ると，大きく２つに分けることができます。１つは人間の手が加わらない「自然」から成り立つ「自然的環境」，もう１つは人間の手が加わっている「事象」からの「人為的環境」です。人類が地球上に誕生したときは人々の周りはすべて「自然」でしたので，当然，人間環境はほとんど「自然的環境」から成り立っていました。時代が経ち，人間は自分たちの周りにある「自然」に手を加えて，自分たちに都合のよい「環境」づくりをめざしました。それによって生まれた「環境」を「人為的環境」と呼んでいます。

　図 3-2 が示しているように，この２つの「環境」の割合は時代が進むにしたがって，全体としては「自然的環境」が減少し，「人為的環境」が増加する流れとなっています。いわゆる「自然の人為化」が進み，人々の「ライフスタイル」も変化してきています。文化人類学では最初の暮らし方から一歩進んだものを「文化」（英語では「culture＝耕す」という意味。この語源からすると「農業の誕生」あたりからのライフスタイルが「文化」）といい，「文化」のなかでも人口が

40

第3章 人間にとっての「環境」とは何か

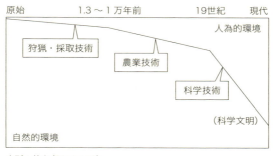

図3-2 人間環境の歴史的変化

出所：鈴木（2014：23）

集中した「都市」をともなった「文化」を「文明」と呼んでいます（村上 1994）。「文化」や「文明」についての定義はいくつかありますが、私はこの立場で2つの言葉を使っています。その「文明」のなかでも「科学技術」が先の「自然の人為化」で大きな働きをするようになった「文明」が現代の「科学文明」です。

では、人類は何ゆえに「自然の人為化」を進めてきたのでしょうか。この点を「環境」という視点で考えてみましょう。もし、ある時点でライフスタイルに何ら問題がなければ、わざわざそれを変える必要はないでしょう。言い換えれば何らかの「環境問題」があったから、その解決を図ったのでしょう。たとえば、人口増加にともなう「食べもの不足」、これも私の「環境」の定義からすると重大な「環境問題」です（鈴木 2007）。その解決方策として生まれたのが「自然の人為化」の1つである「農業を主体とするライフスタイル」だったのです。

この「農業」というライフスタイルに関連して、もう1つ「自然」という言葉について検討しておきたいことがあります。

日本農業のシンボルともいえる「田んぼ」を見て「自然がいっぱいある」という言い方をされる人がいますが、これは正しいでしょうか。「田んぼ」は「自然的環境」か「人為的環境」か、どちらでしょうか。答えは両方が組み合わされたものです。「田んぼ全体」を考えると人間がつくり出したものですから「人為的環境」、しかし、育てられているイネは品種改良などの手が加わっている

41

第 2 部　環境問題への理論的アプローチ

図 3-3　環境教育の全体像

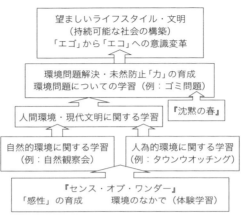

出所：鈴木（2014：119）を一部改変

点を除くと「生物」ですから生命現象のルールにしたがって育つ「自然物」，人間にとっては「自然的環境」となります。このように両方の要素が組み合わされているものを，生態学では「半自然」と呼んでいます。ヒノキ，スギなどの「植林地」もそうです。「半自然」という状態のものは常に人間の管理が必要なところで，それを放置しますと，やがて元の「自然」の状態に戻ります。この「半自然」の仲間でも「里山」は「自然」の持つ仕組みをうまく活用した姿で，「自然と人間との付き合い方」を考えるうえで注目されてきているものです。

　以上のように「環境」という視点で「人類の歴史」を眺めると，それは，その時代，時代に生じた「環境問題解決の軌跡」（現状の「環境」よりさらに改善することも含めて）でもあるといえるのではないでしょうか。

おわりに

　では，私たちにとって「望ましい人間環境」とはどのようなものなのでしょうか。また，それをつくり出すためにどのようなことをすればよいのでしょうか。私は環境教育の立場から，それらの活動を 1 つの図で示しています。それが図 3-3 です。

第3章　人間にとっての「環境」とは何か

　一番下に「自然的環境に関する学習（例：自然観察会）」と「人為的環境に関する学習（例：タウンウォッチング）」とあり，その上に「総合」として両者をまとめた「人間環境・現代文明に関する学習」がありますが，まず，これらの段階で「自分たちにとっての環境（文明）」がどのようなものであるかを「知る」こと。ついで，さらに上に示されている「環境問題解決・未然防止『力』の育成　環境問題についての学習（例：ゴミ問題）」を行います。そうして一番上にある「望ましいライフスタイル・文明（持続可能な社会の構築）『エゴ』から『エコ』への意識変革」という目標を達成するというものです。もちろん，必ずしも図の下から順に上へ進む学習でなくてもよいでしょう。「環境問題」から「環境」に関心を持ったときには上から下へという学習もありえます。大切なことは環境教育の全体像を把握していただくということです。

　さて，図のなかにカーソンの主要著書『沈黙の春』と『センス・オブ・ワンダー』を挿入しておきました。前者は「環境問題について知り，その解決をめざす」，後者が「環境，特に自然的環境について知る」ことにつながる著書という意味で，環境教育全体でのそれらの著書の位置づけを知っていただきたかったのです。

　これからカーソンに関連したお話がいろいろな分野の講師の方からお聴きになられるわけですが，その際にこの図も参考にしていただければ，嬉しく思います。

　最後になりますが，「環境問題」は，ともすると「エゴ」になる傾向があります。そこでこの「エゴ」という言葉を使った短い「話」をさせていただきます。ご承知のように「エゴ」は「egoistic」の略ですね。一方で，環境問題が厳しくなって，その解決策の「天使」か，といわれた学問が「生態学」ですが，その英語が「エコロジー（ecology）」（ドイツ語では「エコロギー（Ökologie）」）。この言葉は1866年にドイツの動物学者エルンスト・ヘッケルが「生物（有機体）とそれを取り囲む外界との関係を扱う総合的な学問」という定義のもとで純粋に「生態学」分野の言葉として提唱したものです（佐藤 2015）。最近では環境保全思想の流れで使われるようになり，日本でも「エコロジカル（エコ）（ecological）」（環境のことを一生懸命になってやっている状態）というようにカタカナで使われるようになっています。そこで「エゴ」から「エコ」への意識の変革の

43

大切さを訴えるとき，"ゴ"と"コ"に注目していただく。前者は「濁った心」，後者は「澄んだ心」なのです。カーソンはいうまでもなく後者です。そして，そこには「他者（他の生物なども含めて）への想い」が見られます。私もカーソンに習って環境教育でそのことの大切さを訴えてきました（鈴木 1998）。これからも地球上で人間を含めた「生命体」が持続的に存続するうえでは他者を思いやり，共に生きる力を持つ人々が一人でも多く育つことに努めたいと思っています。みなさんのご尽力を期待しています。

＊参考文献

佐藤恵子，2001，「エコロジーの誕生——背景としてのE・ヘッケルの学融合的な思想」『東海大学文明研究所紀要』21号（佐藤恵子，2015，『ヘッケルと進化の夢』工作舎に改訂所収）.

鈴木善次，1994，『人間環境教育論——生物としてのヒトから科学文明を見る』創元社.

鈴木善次，1998，「思いやりの心を育てる環境教育」『大阪教育新潮』156号.

鈴木善次，2004，「環境問題の現状と環境教育」『消費者情報』356号.

鈴木善次，2007，「持続可能な社会を築く食環境の学習——現代の食環境教育論」鈴木善次監修，朝岡幸彦・菊池陽子・野村卓編『食農で教育再生——保育園・学校から社会教育まで』農文協.

鈴木善次，2014，『環境教育学原論——科学文明を問い直す』東京大学出版会.

高田研・川島憲志，1993，「都市を生かした環境教育——人間／環境共育のすすめ」大来佐武郎・松前達郎監修，阿部治責任編集『環境教育シリーズⅠ　子どもと環境教育』東海大学出版会.

村上陽一郎，1994，『文明のなかの科学』青土社.

第4章　環境問題や環境政策をどのように考えればよいのか

新川　達郎

✎ 環境に関するプロフィール

① 　環境問題を意識し始めたのは1970年前後からでした。公害問題が議論されるなかで，その後，研究課題としても環境政策や環境行政に取り組み，それらを通じて政治や行政だけではなく経済や社会の問題にも目を向けることになりました。また，身近な自然である河川や水の保全とその運動にかかわって環境問題をあらためて考えることになりました。

② 　水環境問題を考えていたときに，結局「水」は生物・無生物を問わずすべてにかかわっていて水問題は全方位で考えるべきだと強く感じました。それは私が専門とする政策研究や行政研究において環境問題を扱う場合にも同じことがいえると考えました。そこで講義テーマでは環境問題を総合的に扱うこと，政策の視点からいえばその「統合」という観点から語ることを目標としてお話しすることにしました。

③ 　カーソンについては公害対策の研究を始めた当初から多少は知っていたつもりだったのですが，今回あらためて著作や関連論文を読み解く機会をいただき，環境問題への鋭い感受性とそれを支える美的な情動そして何物にも屈することのない敬虔な魂に触れる機会をいただき感謝しています。

環境とは？

　今日は，環境問題・環境政策について，どんな視点で，どんな考え方でアプローチしていったらよいのかということについて，私なりにお話しをさせていただければと思っております。

　もちろん，基本のところは，カーソンの思想と，その生涯を通じて生み出された多くの業績を，いかにこれからの環境問題の解決に活かしていくのかということにあります。

　そもそも，環境とは何なのか。実は，何でも環境なんです。私たちにとって当たり前のものとして環境という言葉がありますし，どこにでも環境を見つけ

45

第2部 環境問題への理論的アプローチ

出すことができます。

環境というのは，ある主体が置かれている周りのことがらについて，それ自体を含めて考える対象のことを，一般的にはそういいます。ただし，私たちは主に，自分自身を含めて人間である私たちにとって環境とは何なのかというのを，問題にしてきました。

人にとっての環境とは何だろうかということを考えますと，たとえば教室に座っている隣の人との関係は環境ですし，大学という集団，組織のなかでの人とのかかわりも環境です。また，あまり普段は意識しないかもしれませんが，たとえば，蚊にかまれるというのも，他の生物とのかかわりでいうと環境ですし，秋の虫の声が聞こえるというのも環境です。

そういった，私たちを取り巻いている外的事象というのを，総体として，私たちは環境と考えています。ただし，そのなかでも，近い環境と遠い環境とがあります。身近な，日常生活に直接にかかわってくるような環境もありますし，そういう関連性がほとんど感じられないような環境もあります。ただし，実はそういう環境というのも，めぐりめぐってすべてつながっているというのがこの環境の面白さで，直接的・間接的なさまざまな生存の条件というのが，この環境の持っている関係性の広がりです。

したがって，私たちの身体のなか，肉体的な条件も自分自身にとっては環境なのですが，身体のなかも含めて，そして，この身体のすぐ周り，他の人との関係，この教室の空間，大学という空間，市町村，都道府県，日本，東アジア，アジア，環太平洋，地球，太陽系，銀河系，宇宙まで含めて，環境かもしれません。環境というものは，そこまで含めて考えられそうだと，想像力をたくましくしていただければと思います。

環境問題とは？

さて，この環境が環境問題となっているといったときに，だれが何をどんなふうに問題にしているのか，ということから考えてみます。私たちが環境という言葉を使うときに，多くの場合には自分自身にとっての環境，人にとっての環境ということが中心になりますから，そこからまずは環境問題について考えてみたいと思います。

46

第4章　環境問題や環境政策をどのように考えればよいのか

　人にとって，その人の問題としての環境があるということです。実はそういうふうに考えてみたときに，環境の問題というのは，私たちの活動が生み出している問題だということ，つまり，生きているということを通じて，私たちは環境に何かしらの働きかけをし，その環境からのリアクションを受けて，この環境とのかかわりのなかで生きています。常に，私たちは環境に対して，何かしらの負荷負担をかけつつ存在をしているのです。逆にいうと，人類というのは，長年にわたって私たちを取り巻いている環境，一般的には「自然」と考えられることが多いのですけれど，この自然環境に働きかけ変えようとすることによって生きてきましたが，それが同時にいろいろな問題を生み出しているということでもあります。それは直接的に自然界から跳ね返ってくるということもありますし，めぐりめぐって，長い時間をかけて，その影響が見えてくるということもあります。

　別の言い方をすると，ここまで環境問題は人がつくり出した問題としてお話ししてきました。人間と関係ないところで環境問題はあるのではと思う方もいらっしゃるかもしれません。それでは人類がいない状態で，はたして環境問題は発生するでしょうか。もちろん，あらゆる生き物にとって，あるいは生命のないものにとって，それらが存在する周囲の条件というものはあります。そして，存在する以上，周囲に一定の負荷をかけています。植物にも，あるいはあらゆる動物にも，すべての生命に，そしてまた無生物にとって，環境問題というのはたしかにあるかもしれません。

　しかしそれらは，私たち人類にとっての環境問題ではありません。それぞれの環境問題ではあるかもしれませんが，私たちがここでいっている環境問題ではないということです。加えて，私たち人類がこれまで環境とのかかわりでつくり出してきたさまざまな負荷に比べれば，他の生命体がつくり出してきた環境とのかかわりは，時間のスパンも，影響を与える範囲もはるかに小さいのです。もちろん，繁殖力の強い特定の種が急速に広がって，そして他の生物の生態と大きくかかわっていくというのは繰り返されています。しかし，それも時とともに，やがてすべての生命層が安定的な状態を迎えるというかたちで，落ち着いていきます。

　しかし，私たち人類がやってきたのは，それとは少し質が違うようです。人

47

第2部　環境問題への理論的アプローチ

類がいない状態で環境問題は発生するかということを考えてみていただければと思います。発生しますが，それは私たちの問題ではないですし，私たちの起こしているものとはまったく質の違う問題のようです。同じ環境問題といえるのかどうかは，考えておかなければいけないことだろうと思います。

　たとえば，これまでの暑さ寒さは，環境問題ではありません。私たちにとっての環境問題ではないのです。しかし，地球温暖化という問題，これは明らかに私たちにとっての環境問題ということになります。こういうふうに，私たちの考える環境問題は，私たち人類にとっての環境問題という性質を持っているということを，もう一度強調したいと思いますし，その環境問題を私たち自身がつくり出している，あるいは問題を定義してしまっているということをきちんと把握することが大事だということでもあります。

出発点としての「持続可能性」

　さて環境問題は問題ですから，困るわけです。困りごとについては，なんとか解決をしないといけない，したがって，環境問題を解決することを考えないといけない，人が存在するということ自体が生み出す問題を，私たち自身で解決しないといけない，あらゆる生き物はそうしてきているわけで，私たちも同じです。

　私たちが生み出した問題は，私たち自身が解決をするべきです。しかしこの問題，なかなか生半可ではありません。私たちがつくり出した問題というのは，きわめて大きな広がりを持っています。そして先ほどの温暖化問題に関していえば，何百年にもわたる蓄積，特に産業革命以降の私たちの活動の蓄積というものが大きく影響しています。そういう時間の積み重ねや，あるいは問題の広がり，あるいはさまざまな影響が私たちの予想しなかったところに広がっていく，そういう広がりに対処するということが求められるようになってきてしまったということです。

　先ほどの温暖化問題でいえば，直接的には気温の上昇がありますが，それを通じて気候の変化が発生します。それが身近なところでの，従来とは違った自然災害に結びついていくということもあります。地球全体でいえば，地表の温度を変えてしまいますから，たとえば海水温，水面温が変わってしまいます。

48

そうすると，南極や北極の氷が溶けていく。そして海水面が上がっていく問題が発生してきます。そうすると，これまで海辺に近いところで暮らしていた暮らしそのものが，水面が上昇することで決定的なインパクトを受けます。その原因は，95％の確率ではありますが，人類の産業活動がめぐりめぐって，人の暮らしをたいへん難しい条件に置こうとしているということでもあります。

　ある意味では，環境の政策は，こういうふうにさまざまな関係を直接間接に広げていく，そうした環境問題の本質に全方位に取り組んでいかなければならないという性格があります。そしてこの環境問題は，私たち自身の一人ひとりの問題でありますし，すべての人類の問題でもあります。それは人だけではなく，その影響を受けるあらゆる主体にとっての問題でもあるのです。

　私たちはいまのところ，この問題については，人類の存続という，きわめて利己的な目的で問題解決を図ろうとしていますし，これが私たちが今のところコンセンサスをとれる出発点ということになります。「持続可能性」という言い方をしています。利己的というと悪いことみたいですけど，自分たち自身を何とか保存しておきたいという生き物としての生き方，そしてそれをどう未来にわたって生き続けさせることができるか，そういう観点で考えれば，この利己的な遺伝子の働きは大事で，それがないと，すぐに自己崩壊してしまいます。それが，この地球環境の持続可能性を生み出しているかもしれないのです。もちろん，これを利己的な問題と見るか，人類に普遍的な共通の利益と見るかは視点の違いということで，いっていることは同じです。

　他の主体，他の生物や無生物からしてみれば，人類は利己的ですよねという話ではありますが，同時に利己的であればあるほど他の主体のことを考えざるをえないという，共通の利益というのを前提にせざるをえないという側面も出てくるのです。そういう意味で，この持続可能性ということを私たちは考えざるをえない状況に追いやられているということでもあります。

生活環境の問題と自然生態系問題

　さて，ここまでの論点は少し抽象的過ぎますので，具体的に，私たちはいまどんな環境問題に直面しているのかについてお話しをしておきます。私たちには，直面しているいろいろな環境問題があります。たとえば，生活環境という

第２部　環境問題への理論的アプローチ

　身近な日常の暮らしにかかわるようないろいろな環境問題をこれまで私たちは経験してきました。もちろんいまでは，その問題の多くは，特に日本では解決されていますけど，近代化・産業化・工業化が進み始めている多くの国々，特に後発の経済成長を遂げようとしている国々では，こうした問題が非常に重い課題となりつつあります。

　日本も実は，50年前まで同じ状況だった，いまの中国と似たり寄ったりの状況だったと考えていただければわかりやすいと思います。とにかく，工場から煙がもくもくと出ている状態を，私たちはよしとしてきました。それこそが，自分たちの豊かさや幸せにつながると信じていました。それは，いまの多くの経済成長をしようとしている国々でも同じだと思います。

　同時に，50年前の日本はそうした産業活動を通じて，大気汚染やあるいは水質汚濁，土壌の汚染，いろいろな有害物質を私たちの周りに，まさに生存をしている空間に大量に放り出してきましたし，それが同時に私たちの生存そのものを脅かすという状態をたくさんつくってきました。こうした公害の問題に代表されるような，生活に，あるいは生命に直接かかわる問題というのを，私たちは環境の問題としてこれまで経験してきましたし，いまもたくさん経験しつつある，あるいは過去の問題を解決しきれないでいる状況があります。

　同時に私たちは日常の生活のなかで，生命体ですので，生きていくうえで多くの物質の代謝の作用を必要としています。生命体として，動物として最低限の代謝であればバランスはとれていきます。しかしそれに加えて，たとえば，衣類を着たり，ご飯を食べたりすると，私たちは多くの物質を消費して，しかも消費をしきれないで，それを廃棄物にしています。また消費をしたとしても，体内の代謝に取り込んだとしても，入っただけのものはエネルギーに転換され，運動になるものもありますが，また熱になったり二酸化炭素になったりするので，実はこれらもすべて廃棄物になり，それをまた体外に出していきます。こういった廃棄物の問題を，日常の暮らしのなかであるいは生命体として山ほど出しているわけです。そうやって出たものを山積みしておくと，工業化の途上にある国々で一時よく見られるごみの山の問題のようになってしまいます。

　こういう問題をいかに解決していくのか，そうした有害な物質というものを

第 4 章　環境問題や環境政策をどのように考えればよいのか

いかに適正に処理していくのか。さらにいえば，廃棄物をできるだけ減らす，処理をしないで済むようにするといったことをどうやって実現していくのか。そういうふうに生活の環境を考えていかざるをえないという環境問題がまずあります。

　大きな 2 つ目として，生物多様性に代表されるような自然生態系問題があります。多くの場合，自然環境そのものは私たちにとって「なんとなく守るべき自然」みたいな印象を持つかもしれませんが，当然のことながら私たち自身が生態系の一部として生きている，そういうシステムの一端であるということを考えると，この生態系が変わってしまえば，私たちの生命のあり方や生き方というものも当然影響を受けることになります。生き物の生き方が 1 つでも変わってしまえば，たとえば，食物連鎖でどこか一部の連鎖が壊れれば，全体の食物連鎖が壊れてしまうということになります。

　このように，私たちが生きていくうえで，ある意味非常に壊れやすい，微妙なバランスの上で生態系のシステムが成り立っているということになります。生態系を維持・存続させるためにきわめて複雑に仕組みをつくり上げてきたことで，さまざまな機能，役割を生態系のなかで果たし，このなかで生きられるものが豊かになっていくことを，これまでは自然や生き物がつくり上げてきたのです。そのなかで，人は残念ながらこの生態系をかく乱する，場合によっては直接人類にとって有用なものや好ましいものだけを選ぶということをやっています。

　そうすると，この自然生態系が特定の種，あるいは特定のシステムのごく一部の層だけを生き残らせるということになります。外来種の問題を 1 つとってもそうですが，そういう特定の種を持ち込むことによって全体のシステムを壊してしまいます。そうすると，それまでにあった豊かなシステムがある特定のものだけが残る貧しいシステムになってしまいます。

　そして実はそれと引き換えに，たくさんの複雑な豊かなシステムを失っているかもしれません。ただし，いま目の前ではそれが見えにくいですから，多様性を失っていることに気がつかないでいるかもしれません。しかし，毎日毎日，何万何百万という種が絶滅に瀕しているということは，時折報道で知らされているとおりです。いわゆる絶滅危惧とか，絶滅という問題にたくさんの種

51

第2部　環境問題への理論的アプローチ

が直面しています。生物が存続する条件というのが，実は今，劇的に変化しやすい状況に置かれていますし，ひるがえって，そういう自然生態系のなかで，私たち自身が生きているということを考えなければなりません。まさに環境問題として，自然環境の保全ということを生物多様性の観点から考えていかないといけないし，特定の種だけでなくて，多様な環境を守っていくということが必要になっているのです。

問題解決のための政策

　こういう問題の原因や背景にあるのは私たち人類の活動ですし，その活動の結果出てきた問題を私たち自身がコントロールし，働きかけをしないといけないことになります。実はそこに政策がはたらく余地が出てくるということになります。こういう問題を何とかしないといけない，解決しないといけない，そういう問題解決のための仕組みを考えていくときに，それを具体的にかたちにしたのが政策になります。

　こういう環境問題を解決しようという政策を考えてみましょう。たとえば環境省が重点施策として出している政策として，「21世紀の環境立国宣言」「低炭素社会づくり」などがあります。先ほどお話しした生物多様性，自然共生の社会づくりも挙がっています。廃棄物の問題でいうと，「3R」ですが，1つ目は「リデュース（削減）」，2つ目は「リユース（再使用）」。この2つが基本で，これに「リサイクル（再生利用）」を入れる場合もあります。

　リサイクル自体は，もう一度疑似的に自然資源を原料化して使い回しますので，本当は環境負荷がとても重い場合があります。リサイクルはできるかぎりしないほうがよいというのがいまの流れだと思います。

　アジア各地では経済成長が進んでいますから，環境保全や公害問題への対処が重要ですので，アジア諸国への公害問題にかかわる連携や協力，そして同時に環境部門が経済成長を引っぱっていくという，いかにも日本的かもしれませんが，環境問題から経済成長や地域の活性化を考えていこうとしています。

　もちろん人々の暮らしの安全や安心，食べ物であるとか水質であるとか，空気であるとか，いろいろな安全安心を守っていくことも重要です。こういう問題を考えていくうえで国の施策としてもいわれているのが，環境問題を解決し

52

第4章 環境問題や環境政策をどのように考えればよいのか

ていくうえで国民自身が参加をするということです。そしていろいろな担い手が協力をして，この場合は人類が中心ですが，市民も企業も行政も協力をして環境問題に取り組んでいくことが，最近の環境問題の重点施策で挙がっています。こういう環境政策というのがどういうつくりになっていて実際に環境問題に対処しようとしているのかについてご紹介をしておきたいと思います。

環境基本法と環境基本計画

この国で環境問題を考えていくときの一番基本になる政策の枠組として，環境基本法という法律があります。これはいまから20年くらい前にできているのですけれども，実際にはそれがそのまま環境問題に対処するわけではありません。

この法律のなかに環境基本計画という，実際に環境保全を進めさせるための実行計画を定める規定があります。1994年に第1次環境基本計画ができ，2012年に第4次環境基本計画ができました。この環境基本計画は，環境基本法にもとづいた政府全体の環境に関する総合的・長期的な施策の大綱であり，まさに基本的な政策を示します。この基本的な施策を毎日の活動として具体的に推進していかなければなりません。

環境基本計画は中期的なスパンでつくられていますが，同時にこの基本計画をつくるにあたり，大綱による基本的な方向づけがあって，それを計画にしていき，その計画にもとづいて，各省庁，あるいは国民が動いていくということになります。

環境基本法は，民間企業や私たち国民の責務，つまり環境保全にはみなが取り組む責任があるといっています。したがって一般的には，私たちは環境を守る義務を負わされているのです。

なおこの環境基本計画については，国の環境審議会にかけられて意見を聞いてつくるということになっています。とはいえ，この基本計画で何もかもいっぺんに動いていくわけではありません。

たとえば，環境基本計画のなかにどんな項目が入っているのかをざっと見てみますと，地球温暖化対策も入っていますし，生物多様性の保全も入っています。それから循環型社会づくりとして，物質循環と，最近では水循環基本法と

53

いう法律ができて，これは水の循環のなかで私たち生物が生かされているということから，水循環を含めた循環型社会が大きな柱になっています。それから公害対策や生活環境保全，廃棄物問題や化学物質の問題。これらは昔から大きなテーマです。比較的この10年くらい，環境教育や環境学習が強調されるようになりました。直接的な環境保全の話だけではなく，それに取り組む国民の意識や行動が大事だということで強調されるようになっています。

けれども，こういうものを基本計画で定めても，頑張りましょうねということだけで終わってしまいそうです。そこでそれぞれの分野について，個別の規制をする法律や個別の対策をする法律をつくります。そしてそれにもとづいて，いろいろな施策や事業をやっていくということになります。

たとえば地球温暖化対策では地球温暖化対策を推進する法律がつくられていますし，生物多様性の保全でも同じように法律がつくられています。地球温暖化対策の法律では，温室効果ガスの排出を規制する，またそのようなガスを大量に排出する人たちに対して削減する義務を課すという法律ができていますし，それをどう実行するかという温暖化対策の計画があり，その計画どおりにやっているかどうかを役所がチェックし，守れていないときには罰金をとるような，そんな仕組みができています。

ごく最近の第4次重点施策に挙がっているもので面白い項目がありましたので，参考までに挙げておきます。第4次基本計画では11本の重点施策が掲げられました。最初のほうに，社会的・国際的な問題が大きく掲げられていることがこの計画のポイントかなと思います。まず経済社会や私たちの暮らしの中心部分をグリーン化する，つまりは，環境にやさしい経済や社会にしていきましょうという話です。しかしそうするためには，環境に負荷をかけない社会や経済にしていくための新しい工夫，技術革新が必要ですし，社会のイノベーションが要るということで「グリーンイノベーション」を強調しています。

それから国際情勢とのかかわりです。2015年11月末に「COP 21」，地球温暖化対策についての国際的な条約締約国の会議がパリで開かれ，同年12月にパリ協定として議定書を締結しました。もちろん地球温暖化だけでなく，生物多様性も国際的な条約ですし，そのほかにも有害化学物質の国家間移動の問題であるとか，さまざまな戦略的取り組みが求められているというのが2つ目のポイ

ントです。

　そしてそういう環境問題に対処できる，持続可能な社会が3つ目の重点施策に入っています。そのための地域づくり，社会づくり，社会基盤づくりが載っています。

　ほかには地球温暖化や生物多様性の対策は共通していますし，水循環，水環境保全，大気の環境保全もそうですし，化学物質対策もありますが，特に有害物質の包括的な管理の問題が大きな論点です。

　この計画が2012年にできたということで，最後にある2つが，ある意味ではその前年の東日本大震災を受けて，配慮すべき関心事項として出てきています。1つは災害廃棄物を中心とした，あるいは災害を通じて壊された自然にかかわる問題です。もう1つは福島の原発事故の放射性物質汚染の問題です。こういうところが環境問題として掲げられているのが，最近の環境問題の大きな特徴です。

地球温暖化対策の例

　さて実際にどんなふうに何をするのか。環境基本計画にもとづいて個別の環境分野にどんな取り組みが政策的に展開されているのかを，地球温暖化対策を事例にして少しだけお話しします。

　温暖化対策の推進に対しては，地球温暖化対策の推進に関する法律（温対法）という法律があります。この法律自体は，国・都道府県・市町村に温暖化対策を義務づけています。あわせて，企業や国民に対しても協力する義務を課しています。そして実際には，温暖化対策を進めていくための実行計画を策定することを定めています。それがうまくいっているかどうかは議論があるのですが，温暖化対策を進めようという法律にもとづいて温暖化対策が進んでいます。

　政策的に見ますとこの温暖化対策は，環境基本法が定めた環境諸分野のなかでの政策の1つになります。したがって，環境問題のなかの温暖化対策という位置づけになっています。もちろん環境問題の枠内での温暖化対策ですので，温暖化対策のなかでいちばん効果的なものの1つである産業活動の規制になかなか強力に削減の義務づけをすることができておらず，配慮してくださいね，

第2部　環境問題への理論的アプローチ

という弱い規制しかありません。そうやって，無理やり減らすことはできないので，あの手この手で減らそうとして，企業にも温暖化対策を考えてくださいという啓発をやっています。

また，温室効果ガスを排出しにくい，あるいは排出量を減らすことができる産業活動をすれば，税金を安くしますよ，あるいは新しい機械を導入して温室効果ガスを減らす産業活動をしてくれるのであれば，補助金を出しますよというような，経済的なインセンティブもあります。もちろん大量に排出する事業者には，温室効果ガスの排出の計画，そして削減の計画を定めてそれを実行し，その成果を報告する義務事業者化ということもしていて，ある種の規制はかかるようになっています。

温暖化対策は，環境政策のなかでも非常に重要な項目です。社会経済活動のなかでも，温暖化対策を中心に据えていく活動が少しずつ進んでいる状況にあります。もちろんこの法律自体は，残念ながら国も自治体も法律で定められた部分でしか動けません。自分自身の排出削減を義務づけできていますが，数値目標はいろいろ動いていますし，それぞれの自由に定められるということになっていて，実際の効果については議論があります。

唯一外形的にコントロールがかかるのが京都議定書そして今はパリ議定書の上限だけです。それらは，国民や市民，企業などについては，基本は努力を促し，行政も企業も最低限度の努力責務を果たそうとすればよいという範囲にとどまるという限界を持っています。これをどうやって乗り越えるのかというときに，政策を組み合わせて成果の出るかたちにしていくということがあります。

環境政策の3つの手法

これまでの環境政策には，基本的に3つの政策手法がとられてきました。1つは，自主的に環境の問題を考えて影響を小さくしていこうという自主規制を促すような活動です。これらは啓発型，教育型，情報型の政策といえます。別の言い方をすると，費用はかからないが効果は目に見えにくいという政策でもあります。本当は一人ひとりの活動，事業者の行動を変えていくというのは，こういった教育型の政策が大事かもしれません。これはお役人やお役所につい

ても同じかもしれません。

　2つ目は，温室効果ガスの排出量を強制的に削減させる規制的な手法です。大規模事業者については，自主的な目標設定ではありますが，排出削減を義務づけて，それぞれの事業者の自己規制を法的に強制し努力をさせるという仕組みがはたらいています。そういう規制的な手法を通じて排出削減を達成しようというのが2つ目です。ただし，罰則つきの規制をして外から無理やりいうことを聞かせようとしても，人間というのはそれだけで動いてくれるかというと難しいところで，アメとムチ，あるいはニンジンが必要です。

　そこで，3つ目は，経済的なインセンティブをつけて排出削減をしていくというやり方です。単に環境保全をやろうとすると，コストだけがかかる。ところがコストを利益にしていけるような仕組みを入れると，排出量削減が進むという考え方です。つまり排出削減に成功した事業所には，税金を軽減するようなボーナスがつくといったようなものや，事業者がより排出削減に貢献するような製品をつくれば，それに対する補助金や助成金をつけるような，経済的手法がとられることもあります。

　さらにはこうした排出そのものの権利を取引する排出権取引というマーケットをつくって，温室効果ガスの削減で金儲けができる仕組みにしようという動きもあります。部分的には，EU をはじめとして，日本でも東京や京都などで部分的ですがいくつか行われているところがありますが，なかなか仕組み自体が世界的に通用するというところまではいっていないというところがあります。このような手法を組み合わせることを通じて温暖化対策を進めようというのが，大きなトレンドです。1つずつ具体的な手段を少し詳しく見ていきます。

　教育的な手法について，温暖化問題に関する教育機会を学校などで増やしていく，それから国民に情報を共有するということで，政府の広報をすすめることや市民団体の活動を支援する方法があります。ただ，その効果が本当にあるかどうかはクエスチョンマークを付しておきます。

　2つ目は義務づけの方法ですが，大規模事業者に一定の義務を課して排出削減計画を策定させるということをやってきました。しかし現実的に私たちの周りで温室効果ガスを大量に出しているのは，大規模事業者もそうですが，3分の1以上は家庭から出ていたり，公共交通機関や自動車を含めたいろいろな交

第2部　環境問題への理論的アプローチ

通機関から出ていたりするということがあります。それらすべてにわたって，排出の削減をどこまで義務化できるかということはなかなか難しいところでもあります。もちろん公共交通機関については，自動車のハイブリッド化，あるいは電気自動車化のような技術的には革新的な手法が出始めてはいますが，本当に公共交通機関が劇的に温室効果ガスの排出を引き下げるというのは，まだまだ先の話かなと思います。

　最後に経済的な手法ですが，価格メカニズムを使って排出権取引をしていく，あるいは若干ぬるま湯的なところはありますが，省エネ施設への補助金や税制優遇がされています。日本ではこれらを全面的にやるということはできておらず，部分的な経済的手法にとどまっています。

これからの温暖化対策と環境政策
　いずれにしてもこういう温暖化対策1つをとっても，環境問題への取り組みは環境保全のために頑張れといってそれを進めていくだけでは，現実の問題解決にはならないという側面があります。したがって社会生活のあらゆる側面，そして政策のあらゆる場面で，環境への配慮とか，温室効果ガスの削減のような具体的な目標が，いろいろな政策のなかで当然のこととして入ってくるようにしなければ効果はありません。このことを「メインストリーム化」「主流化」と呼んでいますが，こういう温暖化対策や環境政策の主流化をしていかないとなかなか進んでいかないということになります。

　ではどういうふうに主流化していくのか。当然，従来のような啓発活動とか，広報や，経済的な手法だけではなかなか限界があります。そこでもう少し積極的にこうした温室効果ガスの削減をすることで，実はそれ自体が大儲けになるということを考えることが必要です。または環境配慮をするそのこと自体が，他の政策の目的をよりよく達成できると認識され，私たちが暮らしていくうえで，非常に高い社会的評価や，そのことを権威づけていくような仕組みに変えていくようなことを考えていかなければなりません。

　いろいろな環境政策を，政策学の視点で少し整理し，そしてこれらをどんなふうに進めていったらよいのかということについて，やや理論的に整理してみましょう。環境政策のなかで基本にあるのは，1つは環境問題というものを，

58

ほかの政策に対して中心的な政策に置くことです。これを「強い環境政策統合」と呼んでいます。環境政策を上位に置いて，ほかの経済政策や社会政策といったものを環境の観点からすべて組み替えていくというものです。しかし現実的には非常に難しいのです。そうするといろいろな政策が横並びにあって，そのなかで環境への配慮をちゃんと考えてくださいねという，そういう環境政策への統合（弱い政策統合）もありますが，これもなかなか効果があがりません。そうすると，いろいろなパッケージを上手に組み合わせて，弱い政策統合にならないようにする，単なる配慮ではなくて，あの手この手を足し合わせて何とかしようというポリシーミックスを考えていこうとしています。これらを通じて，環境を徐々に諸政策のなかでの主流に置くということを，環境政策の側から考えていかないといけません。

環境政策とレイチェル・カーソン

さてこれからの環境政策をどういうふうに考えていったらよいのか，そしてカーソンのこれまでの功績とどう関連づけて考えていったらよいのかについて，少しお話しをします。

環境やそこから生まれる環境問題を，私たち自身が発見せざるをえなかったということが問題の発端です。そしてそういう問題を，ある意味では非常に明確に私たちに突きつけた一人が，カーソンであったと考えられます。つまり私たちは，環境に対していかに大きな負担をかけているのかに気づかなかったのです。そういう気づきを与えてくれたのがカーソンの功績の1つです。もちろんカーソンだけではなく，たくさんの先達たちがいるわけですけれども，こういう経済学的にいえば外部不経済に気づきがなかった人類に警鐘を鳴らすことができたというわけです。

もう1つ重要なのは，こうした気づきを単に困ったということではなく，実際の行動に移していくことです。問題を分析し，理解し，それを広げ，その認識を幅広く社会のなかに植えつけ，動機づけをしていき，環境問題を政策課題にしていくことが必要です。いわば問題に気づき，それを解決していきましょうという政策課題にしていくということを，カーソンがやってきたということです。政策の目的，対象，そしてアプローチの手法として，環境政策を合理的

第2部　環境問題への理論的アプローチ

につくっていくという役割をカーソンは果たしたといえます。こうした環境や環境問題，環境政策を考えるという思考の方法や，それにもとづく行動の方法というのを，カーソンから私たちはたくさん学んできたということかもしれません。

　ただし，彼女が告発したいろいろな問題が本当に解決されたのかどうかについては，もう一度しっかりと考えておかなければなりませんし，問題はむしろますます深刻化しつつあります。たとえば農薬の問題では，次々に新しい問題が出てきます。もう一方では旧来型のものの使用があり，特に発展途上国を中心として安い農薬が多量に出回り，毒性の強いものや，先進国では使われないようなものが使われてしまうようなケースもたくさんあります。他方では，新しい化学物質がどんどん開発されていますから，これもどういう影響があるのかわからない状態です。人間以外に使われる化学物質は非常に安易に使われますので，本当に影響がないのでしょうか。農薬はめぐりめぐって人体に吸収されることがありますので，食物連鎖の問題を考えれば当然そうなんですけれども，こうした循環問題をどう考えるのかが重要になります。

　それから，カーソンが告発したもう1つ重要なものは，水爆実験のことがありました。放射能問題でした。これは広島・長崎の原爆，そして福島の原発事故を経験した今の日本人にとってはきわめて重要な問題です。発がん性の問題も，DNAの問題もいろいろな議論があります。具体的には放射性廃棄物やその海洋投棄の問題もあります。そこでは放射性物質が循環し，濃縮されるという問題もあります。これらの問題はまったく解決できていないという状況です。

　公害問題もまったく同じ状況にあります。本当に解決されているといえるかどうかです。いまだに水俣では公害被害の問題がそのまま積み残されているという状況もあります。人間と環境にある生き物すべてにこうした環境問題の影響は広がっていますし，かえって問題そのものは拡大をし，拡散をし，総量として見れば深刻化しているかもしれません。私たち自身がその一部をなしている生き物の仕組み，システム自体がきわめて重大な危機にあるわけですが，その問題にも，十分にアプローチできているとは思えません。こうしたカーソンの問題提起から，環境問題を見るいくつかの視点を私たちは手に入れてきました。それを改めて指摘しておきますので，これから環境問題を考えていくとき

の手がかりにしていただければと思っています。

　1つはやはり原点ともいえる，化学物質への視点です。遺伝子の問題も含めて，こうした視点は重要です。2つ目は福島やチェルノブイリ，第五福竜丸のような放射能問題です。3つ目は公害問題です。アスベストをはじめとするさまざまな汚染物質が地球規模で広がっていますし，地球環境問題もある意味ではこうした公害問題の1つとして理解できるだろうと思います。もちろん4つ目には自然生態系への視点があります。カーソンは海の三部作をはじめとして，多くの生き物に共感を抱いて著作を成しているわけですけれども，そのなかでも，生態系や海洋の汚染についても，海洋生物学者として多くの問題提起をしています。そのなかには生物多様性への視点もありますし，同時に5つ目として私たちの暮らしが持っているある種の文明への批判のような視点もあり，そしてべつの道と彼女はいっていますけれども，環境と共に生きるべつの道を探していくことを上手にいってくれています。

おわりに

　カーソンの人と自然にかかわる生き方を，私たちはあらためて考えなければいけませんし，地球は人間だけのものではないという視点を大事にしないといけないだろうと思っています。単に自然を征服するだけの人間文明に対する厳しい批判が，カーソン自身の最も強いメッセージだったのではないかと思います。生き物や自然に対するそうした脅威を敏感に受け止め，自然が本来持つ素晴らしさを感じる感性，つまりセンス・オブ・ワンダーをすべての人に，というのが要点ではないかと思います。そういうカーソンの教える未来に，私たちはいま向かわなければならないし，そういう視点を学ばなければならないということです。

　そうした未来への視点についてカーソンが強調しているのは，1つには真実を知ろうとすること，それから2つ目には目先の利益ではなく，未来を見ていこうということ，3つ目は特に将来の世代への責任を知ってほしいということ，そしてそれらを通じて，よりよい未来をつくるということです。実はこれは，政策を考えることと同じです。政策科学というのは，よりよい未来をつくる，だからこそ，政策を科学するということの意味があるのです。そのためには真

実を知らなければいけないですし，遠い将来に何を実現していくかを考え，そして，考え行動する責務が現代の私たちにはあるというのが，政策科学が考えていることです。

　最後に，繰り返しになりますが，カーソンが考えていた未来へのまなざしを，どう政策に結びつけていくのかが重要です。未来への視点は目先のものではない政策の視点でありますし，政策はよりよい未来を実現することを意味しています。そのための過去・現在をふまえた政策のあり方を考えていかなければならないということでもあります。

　私たちは未来の理想を考え，現在との距離を理解し，そこに私たちの問題と責任を見出し，その距離を埋めていく努力として政策を考えていくことが大切です。そして政策実現に向けて少しでも行動を起こし，よりよい未来をつくろうということです。

　私の話は以上です。少しでも，みなさんのカーソン理解や，環境問題・環境政策の理解の助けになれば幸いです。

＊参考文献

OECD（経済協力開発機構）編，2011，環境省総合環境政策局環境計画課企画調査室訳『第3次 OECD レポート——日本の環境政策』中央法規.

環境省編，2017，『環境白書／循環型社会白書／生物多様性白書〈平成29年版〉環境から拓く，経済・社会のイノベーション』日経印刷.

新川達郎編，2013，『政策学入門——私たちの政策を考える』法律文化社.

新澤秀則・高村ゆかり編，2015，『気候変動政策のダイナミズム（シリーズ 環境政策の新地平 第2巻）』岩波書店.

長谷川公一・品田知美編，2016，『気候変動政策の社会学——日本は変われるのか』昭和堂.

森晶寿・竹歳一紀・在間敬子・孫穎，2014，『環境政策論——政策手段と環境マネジメント』ミネルヴァ書房.

和田武・新川達郎・田浦健朗・平岡俊一・豊田陽介，2011，『地域資源を活かす温暖化対策——自立する地域をめざして』学芸出版社.

第5章　戦後日本公害史とレイチェル・カーソン

宮本　憲一

✐ 環境に関するプロフィール

① 1961年，地域開発の研究中に，当時高度成長政策の優等生とされていた四日市コンビナートの周辺で大規模な公害が発生しているという情報が入りました。当局は事実を伏せていたのですが，現地に調査に入ったところ，海は汚染されて，汚染魚のために漁業ができなくなり，公害田という標識が立つようにコメがとれなくなり，さらに800人以上の市民が気管支ぜんそくで苦しんでいました。住民福祉の向上が目的の地域開発が，生活環境や市民の健康を破壊していることに憤りを覚えるとともに，このような開発を経済成長と判定する GNP 経済学の間違いに気づきました。1964年，京都大学衛生工学・庄司光教授とともに『恐るべき公害』（岩波新書）を出版しました。これが日本で最初の学際的公害の啓蒙書です。当時公害の研究者は7人しかいませんでした。欧米の場合もまだ環境・公害を規制する法制や官庁はありませんでした。しかし，資本主義の黄金時代といわれた1960年代に各国の環境破壊が進み，急激に研究や法制化が進み始めました。私はそれから50数年公害・環境問題を研究しています。日本最初の『環境経済学』（岩波書店，1989年）を出版し，ようやく1995年に環境経済・政策学会が設立され，今では1400人の会員を数えています。2014年，私はこれまでの研究の集大成として『戦後日本公害史論』（岩波書店）を出版しました。これは戦後公害史の最初の政治経済学の分析書として，2016年に学士院賞を受賞しました。いま中国と韓国で翻訳がされていますが，日本の若者にも読んでほしいと思っています。

② 高度成長期（1950〜80年代）の日本はいまの中国よりも深刻な公害が発生し，欧米の研究者から近代化にともなうあらゆる環境破壊が発生した「公害先進国」といわれました。当時政府は高度成長のために企業と一体になり，また理工学・経済学系の研究者の多くも高度成長を優先していて，いわば政官財学複合体のシステム公害といってもよい状態でした。この絶望的な状況を破ったのは，憲法の基本的人権を主張して，公害反対の研究・世論の喚起・運動を行った市民運動です。この運動は地方自治の制度を使って，自治体の政策を変え，政府よりも厳しい条例や規制を行った結果，ついに政府は1970年公害国会を開いて，世界最初の14の公害関連法を制定し，71年環境庁を発足させました。これで環境政策が軌道に乗りました。このような自治体改革ができなかった企業城下町，四日市では

63

第2部　環境問題への理論的アプローチ

公害裁判が起こり，新しい法理によって，被害者原告が勝訴しました。これは重大な教訓で，いまの原発公害やアスベスト災害の解決にも重大な教訓です。このようなことを伝えたいと講義しました。

③　カーソン『沈黙の春』は世界の環境思想をつくるバイブルですが，先述の『恐るべき公害』とほぼ同時期に出版されました。カーソンの著書は農薬など化学物質の生態系の破壊が中心ですが，私たちの著書は生産過程から発生する公害が中心です。少し観点が違っていますが，日本では環境破壊の対策に両方が同時期に使用されました。私たちは水俣病の公害裁判，特に新潟水俣病の裁判で，原因解明にカーソンの食物連鎖－生物濃縮の論理を使いました。また農薬の被害については，『村で病気と戦う』（岩波新書）の著者で，国際農村医学の創設者の若月俊一氏の業績を紹介しました。

「公害先進国」日本

　カーソンの思想や学説が，日本の環境問題，特に公害問題について，どういう影響を持ったかをお話しして，その後日本の公害問題の歴史的教訓についてお話しをしたいと思います。この前，高校生向けに講演をしたのですが，彼らは中国の大都市が，PM2.5などのスモッグに覆われているのを見て，中国は近代化が遅れているひどい国だと批判していました。日本は1980年代までは，あの中国の公害問題よりももっと深刻な公害問題に直面していたのです。このためついこの間まで，日本は公害を克服するのに非常に大きな力を注がなければならなかったのです。それを，どうやって，いまの中国よりもひどかった公害問題を克服したのかという話を後半でします。それから克服したと思った公害が最近の原発の災害を見ると，再び深刻なかたちで押し寄せてきています。目に見える公害問題を克服する努力をしながら，いまなぜ公害問題が終わらないのかということを，今日は最後にお話ししたいと思っています。

　カーソンについてはもうお話しを聞いていて，みなさんは『沈黙の春』を読んでいると思います。『沈黙の春』は，私が1964年に京都大学衛生工学・庄司光教授とともに『恐るべき公害』（岩波新書）を出版したときとちょうど同じ頃に出版されました。当時世界資本主義が空前の黄金時代を迎えていましたが，同時にこれまでにない大量多種類の化学物質を使って，大きな環境破壊を起こしていました。それが人間社会を根幹から揺るがすことを『沈黙の春』は詩的

第5章　戦後日本公害史とレイチェル・カーソン

にわかりやすく警告し，大きな政治的影響を読者に与えたのです。当時，農業が大規模化し，生産性をあげていくために，大量の農薬と化学肥料が使われ始めていました。農薬と化学肥料は機械化と並んで非常に重要な近代化の役割を果たしていました。また第2次世界大戦で，軍隊に大規模な伝染病が流行しました。特にチフスだとか，マラリアだとか，集団的な伝染病が広がりました。これを防ぐのに，有機性塩素系の薬品，たとえば害虫駆除のための DDT，あるいは有機水銀系の農薬が非常に大きな力を発揮しました。カーソンが最初に有名になったのは DDT が生態系を侵害し，「春来れども鳥鳴かず」という状況を生み，さらにこれは人間の生殖機能を失わせるなど生態系の一員である人間を死滅に導く危険を警告したことです。この DDT を発明した人はノーベル賞をもらったように，当時はこの化学物質の害虫駆除効果のほうが人類に寄与すると思われていたのです。みなさんは DDT を知らないでしょうけど，戦争直後，ちょうど日本もダニ，シラミ，蚊などによって，伝染病が流行っていました。そこで「害虫駆除」のために頭から体が真っ白になるほど DDT をかけられたのです。たしかに DDT でマラリアを媒介する蚊が全滅したり，チフス菌を媒介する動物などが全滅して，非常に有効なはたらきをしました。しかしこれはカーソンのいうとおり，生態系を破壊しました。

農業近代化と農薬

　農薬を使いますと，農業の生産性が非常にあがりました。戦後の農業の近代化のためには，この農薬が不可欠だということで，日本は特に戦後急速に近代化をしようとしていたものですから，農薬を大量に使ったのです。1955年農業生産額128億円は1960年には2倍，77年には2427億円になりました。1951年頃からコメの「いもち」除去に有機水銀が大量に使われ，さらに有機塩素系の農薬が使われ，耕地面積あたり，世界一の農薬散布量になりました。この過程で農民の中毒や残留農薬による環境汚染が社会問題となりました。米をつくる過程で，雑草が生えますから，農薬をまいて雑草をとる労働がなくなってしまいました。農民にとってみれば，労働を軽減できるということもあって，農薬が大量に使われたのです。1970年に「農薬取締法」が改正され，取り締まりが厳しくなりました。それまで日本は単位当たりの農薬使用量が世界一だったので

65

第 2 部　環境問題への理論的アプローチ

す。

　果物や野菜など商業用作物をつくるようになると，農薬は有効だということ
で，野菜や果物にまくようになりました。単に農民の労働を軽減するだけでな
く大量に使用すると，散布の際に農民だけでなく周辺の住民に被害が出てくる
のです。さらに，残留農薬という問題で，結局，食物に農薬が残ってくるから，
それを食べる消費者に被害が出ました。そういう労働災害，食物汚染，公害，
さらに食品公害が出てきたのです。これは非常に直接的な被害なのですが，化
学産業は政治力が強いものですから，農薬の被害を明らかにしませんし，学界
も被害防止のための本格的な研究をしませんでした。単位当たり世界一農薬を
使って，いろいろな被害が出ていても，被害を明らかにし，それを除去するた
めの研究は進まなかったのです。

若月俊一『村で病気とたたかう』

　この農薬の対策の点で，私の友人で，たいへん有名な佐久総合病院の元院
長・若月俊一先生を紹介します。若月先生は，東大を出てから，治安維持法で
捕まった後，長野県の農協の経営する農村の診療所で働いていました。当時の
農村は貧困で，衛生状態も悪く，医療を受けることも困難でした。若月先生は
この状況を改善するために，医療と保健と福祉を総合し，農民のための農村医
学を建設しました。そして，同じように無医村を多く抱えて悩む途上国にも農
村医学研究所を普及しようとして，国際農村医学会をつくり，この病院がその
センターになっています。小さな診療所から出発して，いまや長野県では信州
大学医学部付属病院に次ぐ大病院に発展し，農民への奉仕と農村の維持に努め
ています。このことは彼の名著『村で病気とたたかう』（岩波新書）に感動的な
実践として描かれているので，ぜひ読んでください。

　若月先生は，危険な農薬が農村でどんどん使われていくことに気がつきまし
た。農薬は有機塩素系で第 1 次大戦の戦争の道具として毒ガスを使うことから
発展していった化学物質です。そういう毒ガスが，むちゃくちゃに使われると
いうのはたいへんなことではないかと気づきました。ところが，化学工業はそ
ういう毒性について正確な情報を流さない。一方で，農業の場合には，医学的
な研究が遅れているのです。工業の場合には，労働災害に関する学問というの

は発展してきていて，こういうのを産業衛生学というのです。工業のほうは労働災害についてはかなり研究の蓄積があるのですけれども，農業の災害についてはほとんど研究というのがされていない。若月先生は，農村の発展というのは農民の生命・健康が維持されなきゃならないので，農薬の災害を勉強しないといけないと考えました。

　それで，色々資料を集めるのですけれども，なかなかいい資料がない。そこで病院のなかに，日本農村医学研究所をつくりました。そして初めて，農民の健康についてアンケート調査を行い，農薬の被害についての動物実験をしました。普通の疫学的な調査に加えて，病理学的な調査をするためには動物実験をしなくてはいけない。若月先生はこの研究所でいかに農薬が危険なものであるかを明らかにしたのです。こういう問題は優れた研究者が，現場にいて本気でやらなければ問題はなかなか解決しないのです。この農薬の被害も，若月俊一という非常に優れた医者が，日本の農民のためにどうしたらいいのかということを考えて，自分の志が共通する人を集めて，農村医学をつくるだけでなく，研究所までつくって，それで農業災害を調べたのです。この結果，農薬の取り締まりとか，規制が進むようになったのです。先述のように1970年に公害国会が開かれて，農薬取締法が改正されました。若月さんたちの先駆的な農村医学の人たちのおかげで農薬の規制が始まるのです。それで都市の消費者も救われたのです。残留農薬の入った食物をとっちゃいけないというのが普及してくるのです。

　ついでにいいますと，いかに農業労働災害の研究が遅れているかというと，戦後は自動耕耘機やトラクターなどを使うようになったでしょう。それまではみんな手で植えて，収穫も全部鎌でやっていました。このトラクターが普及しましたが，ああいう農業機械は工業機械に比べて粗悪なのです。ですから，機械による災害も，農業の場合，非常に多いのです。佐久総合病院の研究所が農業機械の安全性，農薬の安全性に注目して，産業災害のなかでは初めて，工業の労働災害に並んで，農業の労働災害に関して研究が進んだのです。

カーソンとエコロジー

　カーソンの場合には，そういう直接的な農業災害だけじゃないわけです。

67

第 2 部　環境問題への理論的アプローチ

カーソンのすごいところは，生態系への被害，つまり直接にどういう被害があるかというだけでなく，そういうものがもたらす生物界に対する総体的な被害を考察しました。生物界はカーソンのいう織物みたいなもので，色々な生物がお互いに食物を通じて，連関している。だから，ある水田の雑草を防ぎたいといって，そのことのために農薬を投入したら，それが他の生物にどういう影響があるかというところまで考えるのです。その雑草を食べている鳥や，あるいはいろいろな生物に毒性が伝播していく。それで，沈黙の春になるのです。農薬は人間にとってみれば，労働を軽減できるじゃないかと考えていたものが，人間が生きていく環境そのものが破壊されてしまうということを明らかにしたのです。だから，いかに便利で，いかに労働を低減するために有効であるとしても，有害な化学物質を使ってはいけないということが，非常にはっきりカーソンの業績によってわかったのです。

　ここから生態系の問題，エコロジーの問題，あるいはエコロジーと人間の文明の関係，あるいは経済的に有効なものが，果たして本当に人間社会に有効なのかどうかを基本的に考えさせることになりました。文科系も含めて，いまの科学の方法論は物理学的なのです。物理学的な思考様式です。たとえば人間の体の問題を扱うのに，細胞さらには DNA にまで分析を進める。分子，原子，電子，素粒子というかたちで，物理学というのはとことんまで物質の構成の元素を極めつくしていって，問題を解明していく。これが物理学の基本なのです。こういう方法論では，ある一定の有効性をとことん詰めていくことになります。それが人間社会，生態系，さらに地球環境にどんな影響があるかということを十分に考えない。この物理学的方法論に対抗するのがエコロジーなのです。

　エコロジーは，生態系全体として問題を考える。その問題が生態系あるいは環境全体にどんな影響があるかをまず考えるのがエコロジーなのです。だから，科学には 2 つの方法論があるといってもいいと思います。分析型の物理学的方法と総合型のエコロジカルな方法と，両方とも必要なのです。片方だけでは困るのです。いかに物理学的に有効だと思っても，エコロジカルに見たらたいへんな問題を含んでいるとわかったら，その研究はやめてもらわないといけないのです。原子力問題は典型的でしょう。カーソンはそういうエコロジカル

な分析の方法を示したのです。これも科学に非常に大きな影響を与えたといってよいと思うのです。農薬の問題については，いろいろ他にも申すべきことはたくさんあります。

　戦後最大の産業災害というのは，インドのボパールで殺虫剤をつくっている工場で起こった事故です。殺虫剤カルバリル製造工場から，夜中に猛毒の物質が流出して，人口密集地に広がりました。他の国ではそれを住居の近くでつくることを禁止していたのですが，インドでは大都市ボパールで製造していたのです。このため50万人に被害が出て，約8万人の住民が病気になりました。これが農薬製造にともなう最大の公害です。そういった事故をはじめとして，枯葉剤の問題があります。ベトナム戦争で，アメリカ軍が枯葉剤をまいて，ベトナム人に大きな被害を与えました。米軍はジャングルのなかでの戦闘には負け続けていました。それでジャングルを根こそぎ無くしてしまえば，ベトナム人は戦えなくなるだろうと考えたのです。そこでめちゃくちゃに大量の枯葉剤を撒いたわけです。ものすごい影響をベトナム人にも，あるいは実戦に参加したアメリカ軍にも与えたのです。そういう農薬の持っている直接的な惨害というのは非常に有名です。私もボパールに調査に行ったのですけれども，いまだにその悲劇は終わっていないのです。

新潟水俣病

　次にカーソンの最も中心的な課題であった，エコロジカルな方法が日本の公害問題に与えた影響を話しましょう。それは水俣病です。特に新潟水俣病裁判です。私も裁判の論争に参加しました。まず新潟水俣病について話しましょう。水俣病は，すでに1956年5月1日に熊本県水俣市で，公式発見されています。新潟の水俣病は1965年に発見されたのです。実際には1963〜64年に起こっていたと思われますが，公式な発表は65年です。ですから，水俣に比べると9年ぐらい後に起こった事件なのです。水俣市であれほど大きな事件が起こっていたのに，長い時間を経て，また新潟で起きたのはなぜかと思われるかもしれませんが，これが公害問題の本質につながります。農薬について，その被害をなかなか化学工業が明らかにしなかったというのと同様に，こういう公害問題では，企業はその被害と原因＝責任を明らかにしない，むしろ隠そうとします。

第2部　環境問題への理論的アプローチ

しかも，産業界に対して，政府が規制する力が弱い。あるいは逆に政府と産業界が一体となっています。すでにチッソという電気化学工場で大きな被害が起こるとわかっていたにもかかわらず，政府は取り締まりをしなかったのですね。同じようなアセトアルデヒドや塩化ビニールをつくる工場が日本に20ぐらいあったので，20の水俣病が起こる地域があっても不思議じゃなかったのです。通産省は取り締まりをしないものですから，ずいぶん時間が経ってから第2水俣病が発生したのです。ですから，第2水俣病という新潟水俣病というのは，明らかな政府の失政なのです。

　新潟水俣病は，チッソと同じような製造工程を持つ昭和電工の鹿瀬工場で発生しました。アセトアルデヒドの生産から副生する有機水銀が水俣病の原因です。しかしこの原因をめぐって発生源である昭和電工はこれを認めませんでした。昭和電工は，自分の工場から有機水銀が出ていることは認めるのですが，それは微量であって，阿賀野川という日本で有数の大河のなかで希釈すれば消えてしまうと主張しました。工場廃液のなかに微量入っている水銀で深刻な水俣病が起こるはずがない，他に原因があるというのが昭和電工の考え方でした。それで出てきたのが，農薬説でした。有機水銀を使っている農薬が水俣病の原因ではないかという学説を昭和電工の方は立てました。それで新潟水俣病裁判は昭和電工が犯人だという工場廃液説と農薬説とがぶつかるということになり，ずいぶん長く論戦が続いたのです。

　新潟水俣病が有機水銀中毒として新潟大学医学部の椿教授から発表されたのは，1965年6月です。農薬説は1964年に新潟地震があり，そのときに信濃川のところに農薬の倉庫があって，それが倒壊して，有機水銀を含む農薬が流れ出して，日本海を経て，阿賀野川河口に到着し，それを含む魚類を食べた住民が水俣病になったというのです。発見された最初の被害者は，本当に悲惨なものでした。初めは病名がわからないわけです。有機水銀というのは，無機水銀がほとんど体外へ出ていくのに対して，体外へ出ていかないで，脳を侵すのです。特にメチル水銀は神経を侵し，運動機能がダメになったり，会話する機能がなくなったり，しまいには毒性が強い場合には狂い死にするのです。新潟水俣病の最初の患者は狼みたいに吠え，暴れまわるので，縛られて，それで狂い死にしているのです。そういう悲惨なかたちで，阿賀野川河口部の漁民のなかから

たくさんの被害者が生まれたのです。

工場廃液か農薬か

それで，何が原因かというので，政府もほっとけないわけですから，新潟大学とともに調査団をつくり，調査の結果，昭和電工が熊本のチッソと同じ，アセトアルデヒドの製造をして，ここから出た有機水銀が原因の基盤になっているという研究成果を発表したのです。熊本水俣病の研究をした者は新潟水俣病についても工場廃液説でした。しかし問題は原因の鹿瀬工場と河口部の被害者の間が，60km も離れているのです。昭和電工の言うように川の大流量から見れば微量の有機水銀が 60km 離れた漁民の体内にどうして到達するか疑問が出てきます。昭和電工は毒物が河川で希釈されて，河口部まで到達しておらず，原因は他にあるというのです。それに味方したのが，横浜国立大学・北川徹三教授です。こういうときに必ず，企業の側に立つ研究者が現れてくるのです。その人たちは，素人でなく，専門家です。北川教授は安全工学会の学会長で，安全工学の権威として有名な先生なのです。

しかし北川教授は現場を調べずに机の上で考えたのです。昭和電工と同じように工場から 60km 離れた河口部にまで，有機水銀が到着するはずはなく，高濃度の原因物質は近くにあるはずだと推理したのです。ではそれは何か。彼は患者が発生した時期に近い1964年の新潟地震に目を向けたのです。地震で，信濃川の河岸にあった農薬の倉庫が壊れ，それが流れ出し日本海を北上し，阿賀野川の河口部に侵入し，それが魚を高濃度に汚染した。その汚染魚を大量に食べて被害者が出たというのです。新潟県は農業県ですから，有機水銀系の農薬を信濃川河畔の倉庫に沢山保管しており，それが地震で破壊されたことはたしかです。日本海に出た農薬がうまく阿賀野川に流入することへの疑問については，塩水楔説という学説がありまして，塩分の比重が重い，それがある時期に，川の上流のところに入り込むと塩水楔という現象が生じ，海水が河口部から内陸にまで入ってくるというのです。これは現地を調査しないで，机の上で考えた空論で，実験すると農薬ビンは日本海を北上しないで，佐渡へ流れていくのです。新潟県は倉庫が倒壊して農薬が流失したが，それはほぼ回収できたと発表しました。しかし，北川教授はなお被害地域の近くに農薬のびんが放置され

第 2 部　環境問題への理論的アプローチ

ていたなどの証言を使い，農薬説を主張しました。昭和電工は北川徹三農薬説
をとります。

カーソン理論による工場廃液説の勝利

　被害者原告を支持した私たちは工場廃液説をとったのですが，その背後に
あったのがカーソンの生態系の織物の考え方なのです。工場から排出された有
機水銀がなぜ洋々たる大河のなかを 60km も離れた河口部まで到達しうるかと
いえば，次のような食物連鎖をするからです。排出された有機水銀は水苔に付
着する，この水苔をプランクトンが食べる，このプランクトンを小さな魚が食
べる，小さな魚が河川を自由に動く大きな魚に食べられる，河口部は漁師町な
ので漁師はこの汚染魚を大量に食べる。この食物連鎖の過程を調べると，水苔
から住民が食べる魚へ至る過程で，次第に有機水銀が濃縮されていることがわ
かったのです。この濃縮された魚をたくさん食べた人間の体内で，さらに有機
水銀が濃縮し，発病に至ると推論できました。現場を調べると，水苔にさらに
魚に有機水銀があることもわかったのです。これはまさにカーソンの主張した
食物連鎖，生物濃縮の典型的な例なのです。

　当時の対立した論争の原因は工場と被害地域があまりにも離れているという
ことでした。私はもし工場の周辺で水俣病患者が見つかれば工場廃液説はただ
ちに勝利すると思っていました。新潟県は水俣病の発見に努力をしていたの
で，阿賀野川流域などの住民健康調査をしたのですが，工場のある鹿瀬町は健
康調査を拒否していました。鹿瀬町は昭和電工鹿瀬工場の城下町といってもよ
い状態だったので，町議会は工場に不利となることも拒否したのでしょう。こ
のように民主主義のないところでは，公害は隠れてしまうのです。

　2 つの原因説が激しく対立していたので，裁判は長くかかったのですが，新
潟地裁は，2 つの原因説のうち農薬説には無理があり，工場廃液説のほうで説
明がつくとして，原告勝訴の判決を下しました。昭和電工は判決にしたがい，
上訴しませんでした。判決が出た後に，これまで昭和電工と利害関係があっ
て，沈黙していた工場周辺の地域の住民のなかからも水俣病が発見されまし
た。昭和電工が公害の原因であることは完全に確定したといってよいでしょ
う。カーソン学説の勝利です。

第5章 戦後日本公害史とレイチェル・カーソン

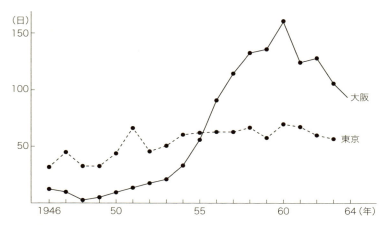

図5-1 大阪(東京)の濃煙霧日数累年変化(1946〜64年)

注：①1965年以降，スモッグ発生日数は再び増える傾向を示している。
②大阪市公害対策部調べ。
出所：宮本(2014：54)

　カーソンの生態系の理論は新潟だけでなく，熊本水俣病にも適用されます。チッソは1960年以降有機水銀を流出していないので，それ以後に患者は出ないといっていました。このため患者は110人といっていました。しかしその後患者は増え，すでに6万人の被害者が出ています。なぜか。それは工場が有機水銀の流出を止めても，汚染魚はいて，水銀の大量のヘドロがあるかぎり，それが有機化して，汚染魚を発生させ，それを摂取する住民に水俣病が発生するのです。また放射汚染の場合も食物連鎖 - 生物濃縮の原理は適用できます。放射能が蓄積されているかぎり，長期にわたって，放射能汚染による被害はなくならないといえると思います。原発公害についてもカーソンの理論による対策が必要でしょう。

大気汚染

　日本の公害問題の歴史的教訓について話しましょう。図5-1は，大阪と東京の1946〜64年までのスモッグの日数を表しています。スモッグというのは，2km先が見えなくなる状況をいいます。煤塵が，霧と混ざる場合もありますが，煤煙によって先が見えなくなる状態をいいます。日本語では，煙霧ともい

第2部　環境問題への理論的アプローチ

います。煤塵，亜硫酸ガス，窒素酸化物，硫化水素のようなものによって，スモッグが起こります。中国の場合は，PM2.5を主に取り上げています。これは粒子としては，非常に小さなものなのです。私の見るかぎり，中国のスモッグは，PM2.5だけじゃないですね。PM2.5は癌の原因になるから，PM2.5をどうするかというのは，非常に大きな問題になっているのですが，実際には中国のあのスモッグの状態というのは，非常に多くの煤塵，NO2やSOxが出ていて起こるのです。中国は近代化を急いで，先進国と並ぼうとして背伸びをしたところがあります。このためすでに日本などが克服した大きな煤塵や亜硫酸ガスは克服したといいたいのでしょう。環境政策は日本と同じ段階にあるといいたいのでしょう。いま困っているのはPM2.5だといっているのですね。PM2.5は観測が非常に難しく，日本でも観測機を置いていない町はいっぱいあります。ですから，日本もPM2.5を正確に測っているところは大都市です。東京とか大阪とか，大きな都市を除くと，それほどPM2.5を心配していないから，中国がPM2.5で騒いでいるのは，背伸びをした公害対策だと思います。本当に公害対策としてやってほしいのは，大きな煤塵，SOx，NO2の除去でないかと思います。これをちゃんとやってくれれば中国の大気汚染対策は進むと思います。

　日本の1960年代は，いまの中国よりもひどかったのです。大阪市は1年間に165日スモッグだったのです。1960年，私は金沢に住んでいましたが，ここはきれいなまちで，スモッグはほとんどありませんでした。大阪市に来ると，空気に色がついているのです，つまり，NO2やSOxが硫化水素などと混じり，青みがかり，臭い。冬場が特にひどかったですね。165日というのは，ほとんど冬期の現象です。冬は毎日スモッグで幕がかかったようになって，先が見えない，昼間の3時ごろでも真っ暗になり，電車も自動車もヘッドライトをつけないと，危なくて通行できないくらい，日本の空は汚れていたのです。165日続くというのは，冬場はほとんど地獄のような状況が続くわけです。東京もそれに劣らず，60～70日はスモッグで，昔は東京から富士山が見えた，それが見えない日が続いたのです。

第 5 章　戦後日本公害史とレイチェル・カーソン

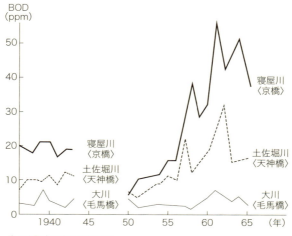

図 5-2　大阪市内主要河川 BOD 経年変化図

注：大阪市公害対策部調べ。
出所：宮本（2014：55）

水汚染と地盤沈下

　図 5-2 は，BOD（生物酸素要求量）という水の汚染度を判定する基本的な資料の変化を大阪市で見たものです。BOD が 5 ppm を超えると，悪臭がして，汚水となり，生活環境としては駄目になります。その水を上水道に使おうとすれば，2 ppm 以下でなければならないでしょう。これが，水質汚濁の基準だったのですが，これを見てもわかりますように，大阪の京橋では，50ppm を超えているわけです。この頃の東京や大阪の川というのは，とにかく臭くて，ドブ川だったのです。隅田川は，終戦直後は生産が止まっていた時期なので，工場排水は流失せず，きれいな水鳥や魚が住んでいたのです。高度成長期には，まったく魚なんて住めず，都鳥はいなくなってしまったのです。東京や大阪は下水道の設置率が小さく，家庭用水はたれ流しで，それが工業用水とともに，川や海を汚したのです。いま中国が一番困っているのは，大気汚染以上に水汚染だと思うのです。

　図 5-3 は，地盤沈下を見たものですが，地下水や地下ガスを汲み上げると，地盤が下がってくるのです。これを戦争中に，和達清夫という，気象学の研究者が見つけた非常に大きな業績です。地下水や地下ガスを汲み上げると，地盤

75

第2部　環境問題への理論的アプローチ

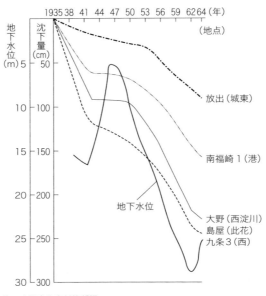

図5-3　大阪市内地盤沈下および地下水位の経年変化図

注：大阪市公害対策部調べ。
出所：宮本（2014：57）

が沈下するということがわかったのです。しかし，土地所有者は地下ガスも地下水を自由に使うことができ，ただ同然に汲み上げられるものですから，工業化が進んでいくと，地下水や地下ガスを汲み上げるのです。すると，どんどん地盤が下がっていきまして，海面よりも地表が下がってしまうという状態が工業都市では続いたのです。

図5-3は，大阪の状況を見たものですが，沈下の激しい九条ですと，2m以上地盤が下がったのです。西淀川は，1km²の土地の地盤が海没し，工場が海のなかに入り，煙突だけが，海の上に浮かんでいる状態になったのです。これは現在の東京でもその跡が残っています。東京の下町の橋が太鼓橋みたいになっています。これは，地盤が沈下したためです。これが止まったのは，ようやく60年代になってからです。工業用水道をつくって，地下水を汲み上げることを制御したから臨海部の沈下は止まりました。ただし内陸部ではまだ地盤沈下が進み，災害を招いています。今度の東北の大震災，あるいは南海トラフで

76

第5章　戦後日本公害史とレイチェル・カーソン

表5-1　地方団体の公害・環境担当の組織・予算の推移

	1961		1974		1986		1995	
	都道府県	市町村	都道府県	市町村	都道府県	市町村	都道府県	市町村
公害・環境担当組織のある団体	14	16	47	765	47	562	47	845
担当職員数	300		5,852	6,465	5,865	4,816	6,384	4,534
予算（億円）	140		3,501	6,036	8,910	20,800	14,458	46,738
下水道予算を除く（億円）	2		3,838		8,785		17,319	
公害防止・環境条例設置団体	6	1	47	346	47	496	47	608

注：1961年度は厚生省調べ。1974年度以降は環境省『環境統計』（各年度）による。
出所：宮本（2014：453）

都市の震災は，地盤沈下地域で大きな被害が予測されます。大阪市は，この地盤沈下により，第2室戸台風の被害がひどく，その後堤防などの施設のために大きな費用が必要で，都市開発が遅れたといわれています。東京都も名古屋市も日本のこの地盤沈下による浸水を防ぐための対策に追われたのです。

　そのほか騒音・振動などもあり，1950年代からの30年間は，公害が世界で最も深刻でした。このように大都市圏を中心に国土全体が公害に汚染された海のようになり，そのなかで四大公害事件が公害の島のように突出して，深刻な健康被害を出していたのです。日本の高度成長は高い評価を受けています。しかし同時に，その政治経済構造が深刻な被害を出したことを忘れてはいけないと思います。あの時代の日本人がよく働き，技術を革新して，経済を成長させた功績があるとともに，同時に表5-1のようにそこから起こってくる公害問題を防止したということです。環境の破壊−公害に対して，日本人が自覚して戦わなかったならば，経済大国どころか，日本は地獄絵図になっていたと思うのです。

基本的人権を守る市民運動

　欧米の研究者によれば日本は民衆が下から環境政策をつくったと評価しています。1963〜64年ごろから，市民の間に環境の破壊−公害は許されないという声が起こってきました。これは公害によって，市民の健康や生活環境が害され

第 2 部　環境問題への理論的アプローチ

たからだと思います。戦前に足尾鉱毒事件が、日本の公害の始まりといわれているのです。この事件をはじめとして、戦前には有名な公害事件があるのですが、主として産業間の対立です。鉱工業が発達すると、その汚染物のために農業や漁業に被害が出ました。戦前の公害裁判では大阪アルカリ事件のように亜硫酸ガスのために米がとれなくなって、農民が会社に損害賠償を裁判で要求するというものでした。あるいは日立鉱山の大気汚染事件のように、亜硫酸ガスによる農作物だけでなく、森林の汚染事件でした。

　ところが、戦後の高度成長時代に起こった公害問題というのは、江戸川汚染事件のように、戦前と同じような産業間の対立もありましたが、企業対住民の対立なのです。戦前は、工業化にともなう公害で、農漁民の財産が侵害されるというのが主体でしたが、戦後の公害は健康・生命・生活環境の破壊という人権侵害なのです。

　最近の福井地方裁判所が、大飯原発の再開を差し止めるために、2014 年 5 月 21 日の判決で、人格権が最高の権利で企業の営業権より上位にあるとしました。原発公害は営業権と人格権の対立なのです。戦前の場合は、営業権と営業権（正確には生業権）の対立なのです。戦後、なぜ公害問題が大きな社会問題になるかといえば、市民全体の生活が侵される公害＝公衆衛生の害悪となったためです。企業の営業権対人格権の対立なのです。関電は企業の利益を維持するために原発を再開させたい、それはひいては原油の輸入を節約して、エネルギー価格を下げ、国民経済の利益になると主張しているのです。しかし福島原発災害の経験から、原発の安全性の保証はなく、人間の健康、生命や健全な生活環境を維持するためには、原発を止め、安全な再生可能エネルギーに代替すべきなのです。

　憲法 13 条, 25 条で保障された人格権が、営業権よりも価値が高いというのが、この間の判決の趣旨です。公害反対の市民運動とそれを背景にした公害裁判が人格権を確立したのです。高度成長時代は経済成長第一主義で営業権が有利に立っていました。いまでも、アベノミクスで、政府は経済成長主義ですけれども、当時は、企業も政府も高度経済成長が国民にとって最も必要で、安全の問題は二義的な問題だと考えていたのです。

78

最初の公害反対市民運動

　1963〜64年静岡県三島・沼津・清水の２市１町で，公害反対の市民運動が政府・企業が進めていた経済優先の地域開発を阻止しました。この地域は富士山ろくの環境のよい地域で，豊かな水資源があり，農業と漁業と関連産業が発達した地域でした。そこに1963年政府と企業が大きな工業地帯をつくろうとしたのです。当時日本の工業化の先端を走っていたのは，四日市の石油コンビナートでした。1960年が日本経済の転機で，エネルギーが石炭から石油に代わり，その最初の石油を燃料や原料にする産業が石油コンビナートとして，四日市につくられました。当時東洋最大の，最新鋭の工業地帯といわれていたのです。ところが，1960年に全面操業を始めると，四日市周辺の魚は油臭くて食べられなくなり，漁業は壊滅的な被害を受けたのです。その次は大気汚染で米作地の収穫が激減しました。そしてそのうちに人間が被害を受け約800人以上のぜんそく患者が出て，四日市ぜんそくといわれるようになりました。これは主として，亜硫酸ガスが主体の大気汚染物質による健康侵害でした。

　地域開発の目的は地域住民の福祉を増進するために行われるはずが，人の健康や生命が奪われてしまうのは，地域破壊になるのではないか。そういう政府の経済政策の矛盾が，四日市のコンビナートの公害にはっきり表れてきたのです。四日市公害の特徴は，普遍的であったことです。石油を使っている工業地帯，あるいは自動車が頻繁に動いているところだったら，同じ公害が起こることを示したのです。この高度成長政策を続けていたならば，全国に公害が広がります。水俣病のように特定の工場地帯で，公害が起こるのでなく，四日市の公害を見たら，これは全国が公害におそわれるということがはっきりわかるのです。そこで1963〜64年ごろから，国民の意識が変わり始めたのです。

　政府は高度成長政策で全国に四日市型の開発を考え，21の候補地を決めたのですが，そのなかで最も有力なのが，静岡県の東駿河湾地区でした。ここは交通も便利で，東京という大消費地に近く，水資源や港湾などのインフラが整備しやすく，企業から見れば最高の立地点でした。しかし先述のように候補地の静岡県三島・沼津・清水２市１町は日本でも有数の美しく健康によい環境を持っています。農業も漁業も盛んで，地場の産業が強いところですから，その住民は四日市のような公害を発生するコンビナートを誘致することに疑問を

第2部　環境問題への理論的アプローチ

持ち，事前調査を始めました。地元に世界的な国立遺伝研究所があり，また大気や水管理の専門家がいる沼津工業高等学校がありました。これらの組織の研究者が自発的に科学的な環境アセスメント調査をしました。その結果「公害のおそれがある」という結論を出しました。これが日本最初のアセスメントです。政府のほうも重要な開発地点だったので，当時の第一級の大気汚染関係の研究者を動員して，自衛隊機まで飛ばして大気調査をし，風洞実験を初めて行いました。その中間報告で政府の調査団は，「公害のおそれはない」という結論を出しました。2つの科学者のグループから，違った結論が出ました。

　住民は2つの調査団の討論を要求しました。通産省で両方の調査団が討論をした結果，政府の調査団の報告に疑義が多く，住民は公害のおそれがあるコンビナートの誘致に絶対反対の決意をしました。住民は四日市に重点を置いて，そのほかの全国のコンビナートを調査して公害の状況を確認しました。300回以上の学習会を重ね，毎日のようにコンビナート誘致反対デモが起こり，ついに最後の段階では沼津市で有権者の3分の1に達する2万5000人の大集会が開かれ，この美しい環境を守るためにコンビナートに反対するという決議をしました。この状況から三島市，次いで沼津市，最後に清水町が誘致に反対し，静岡県も開発をやめることになりました。こうして日本で初めて住民の公害反対・環境保全の運動が政府と企業の工場誘致を止めたのです。これは暴力でなく，調査と学習を重ね，その知的な公害・環境学習の成果の上に最初の市民運動の勝利を得たのです。これは全国に大きな影響を与え，公害の事前調査と学習会を重ねて反対運動を進めるという三島・沼津型の市民運動が全国に広がることになりました。

革新自治体の成立

　この非暴力の学習型の市民運動は福祉・教育にも広がりました。この世論の変化を背景に，住民生活に密着した自治体を改革しました。中央政府が自民党に独裁されているなかで，革新政党・労働組合が市民運動の力を背景に，自治体の首長を変えていきました。これを革新自治体といいましたが，大都市圏を中心に全国の3分の1に達しました。政府は経済成長と生活環境の調和を図るという妥協的な調和論であったため，公害は制御できず，ますますひどくなり

第5章　戦後日本公害史とレイチェル・カーソン

ました。それで，政府は頼るに足らず，自治体が主体となって，政府よりも厳しい条例をつくって，公害をなくす動きが始まったのです。憲法の地方自治の本旨が生かされ，自治体が政府の高度成長政策に反対して，厳しい公害対策をとることによって，公害をなくそうとしました。東京都は美濃部都政，大阪府は黒田府政，京都は蜷川府政，といずれも元大学教授の知事が公害反対・環境保全・福祉に重点を置いて，政府よりも厳しい公害条例をつくり，先進的な環境政策をとりました。政府はこれに反対・妨害しましたが，世論は経済成長よりも公害防止を望み，革新自治体を支持しました。こうして世論と自治体に押されて，政府は1970年に公害国会を開きました。日本の議会の歴史のなかでこういう名前のついた国会は珍しい例です。1970年末，公害国会で環境保全の14の法律を決めました。そして，71年に環境庁を発足させました。それまでは，環境のための役所はなかったのです。先の表5-1のように地方団体の環境政策も画期的な前進をしました。これで，日本の環境政策が初めて，軌道に乗ったといってよいと思います。先ほどの農薬の規制も，このときの公害国会で始まるわけです。

公害裁判

ところで，大都市圏のように自治体を変えるだけの環境に対する思想や運動の強いところと違い，水俣市や四日市市のような企業城下町では，企業の力が強く，住民が行政を変えるために多数を占めることができません。そこでは公害の被害者は孤立し，行政は公害を防止するどころか，公害発生源を増やす開発を進めていました。結局，被害者の救済のためには裁判以外に頼るところがない状況でした。1968年から2つの水俣病，イタイイタイ病，四日市公害の被害者は公害裁判を起こしたのです。これを四大公害裁判といいます。先述のように戦前の公害は財産権の侵害でしたが，戦後の公害は人間の健康・生命・生活環境の侵害です。したがって，新しい法理が必要です。健康侵害については従来の裁判では病理学的な証明が必要です。Aという企業がBという住民に対してどのような有害物を到達させ，その有害物によってどのような疾病を発生させたかを証明しなければなりません。しかし四日市ぜんそくのように多数の企業が排出する SOx が，多数の患者にどのように到達し，それが気管支ぜん

81

第2部 環境問題への理論的アプローチ

そくの発生にどのように寄与したかを個別に証明することは，まったく不可能です。したがって，統計的に SOx の汚染度に応じて，疾病の発生率が上昇することを疫学的に証明できれば，企業群の過失が証明できるという法理を原告は主張したのです。この疫学，共同不法行為，立地の過失などの新しい法理を若い弁護士や研究者が創造して，四大公害裁判はすべて勝訴し，公害被害者救済の道が開けたのです。これは憲法で保障された三権分立によって，司法が自立した判断を下せた結果です。

　いまたしかに中国よりもきれいになったというのは，この時期における大きな社会思想や社会制度を変える力が日本の国民にあったからなのです。高度成長期の日本人は，元気がよかった時代だというのですが，実は元気は人権を守るほうにもあったのです。単に成長するだけでなくて，成長から生まれるマイナスを排除し，よりよい環境を求め，文化を発展させることが発展なのだということを示した，日本史における非常に大きな出来事だったのです。日本史のなかにおける市民政治の転機がいまの中国よりもひどかった公害をなくしたのです。

公害は終わらない

　全体としてのシステムはそう簡単に変わるものではない。大量消費・大量生産・大量廃棄というシステムは，公害をなくすための制度や裁判の結果が出ても変えられなかったわけですから，公害はいつまでも続く問題だといってもよいのです。いまも原発の災害のようなかたちで，公害が再び起こっています。私は，福島の原発災害は，足尾鉱毒事件に次ぐ，日本史上最大の公害だと思っています。足尾鉱毒事件がなぜいままで日本最大の公害だといわれていたかというと，棄民したからです。それで，足尾鉱毒事件は日本の歴史に残る最大の公害事件だといわれているのです。抵抗した住民を，北海道や那須に放逐しました。最後まで残っていた，谷中村を，東京の治水のためという名目で水没させたのです。谷中村という自治体がなくなったのです。足尾鉱毒事件が日本史上における悲劇として語られるのは，棄民したからなのです。いま福島の災害は，棄民しつつあるのです。14万人の人たちが，避難させられ，いまだ7万人の被害者が故郷に帰っていません。これは，水俣病でもなかったことです。公

82

害でコミュニティが崩壊し，避難せざるをえない，故郷に帰れない。おそらく
谷中村と同じように棄民されるのでないか。そういう非常に大きな問題が起
こっているというのは，日本ではまだ人格権が本当に確立されていないことの
表れです。また，研究者のなかに，原発の安全を考えて代替のエネルギーを考
えるよりも，自分の研究の業績だけを重視して原発を支持する人たちがいま
す。そうした日本社会の持っている欠陥が完全には直っていないのです。おそ
らく足尾鉱毒事件を抜いて，今後，史上最大最悪の公害事件として，福島原発
の災害は見られていくのでないかと思っています。

　みなさんは公害は解決したと思っているかもしれませんが，原発災害だけで
なく，アスベスト災害も未解決です。アスベスト災害はストック（蓄積型）公
害といっています。日本は約1000万トンのアスベストを使い，いま350万トン
のアスベストが建材として残っています。建材として残っているかぎりは，解
体時に被害を引き起こす可能性があるわけです。毎年約1000〜2000人の労働者
や市民が，中皮腫という病気で倒れています。アスベストは発病するのに約
15〜40年かかります。350万トンが残っていますので，たぶん2050年まで，ア
スベストの公害は続くと考えています。まだまだ公害は終わらないのです。

＊参考文献
　宮本憲一，2014，『戦後日本公害史論』岩波書店．

第2部　環境問題への理論的アプローチ

■ 受講生からの感想① |||||||||||||||||||||||||||||||||||||||||||||||||||||||||||||||||||||||||||||||||||||||||||||||||||||||||||

　この授業を受講したきっかけは，私のゼミの先生が担当している授業であったことで，レイチェル・カーソンという人物について名前は聞いたことがあるという程度の認識でした。初回の授業で，環境問題と聞いて具体的に何をイメージするか，また何か環境問題に関することで生活のなかで行っていることはあるか，などをワークショップ形式で話しました。

　私は環境活動と聞くと脱原発のデモとか，シーシェパードの活動（捕鯨船を攻撃するなどの活動），またボランティアのように意識の高い人が取り組むような少し取っ付きづらいものという印象を持っていました。自分ができる行動はごみの分別とかエコバッグを持つというような行動しか思いつかず，あまり環境問題に関心はなかったんだなと，ワークショップを通じてわかりました。こうしたワークショップは，自分の思いをアウトプットしながら自分の考えを整理するために効果的でした。

　また，いままで私が受けてきた授業のなかで扱われてきた環境問題は，どこか自分たちの知らないところで起こっていて，どうすることもできないもので，自分ごととして捉えにくいものでした。しかし，この授業のスタイルは，一人の先生が研究してきたことを学ぶものではなく，さまざまな立場の方がゲストスピーカーとしてそれぞれの環境問題の関わりを話してくださるという授業スタイルだったため，環境活動というものをいままでよりも，よい意味で気軽に捉えられるようになりました。ゲストスピーカーの方々が環境問題に取り組み始めたきっかけは，自然のなかで遊ぶことが好きだったからであったり，環境問題により自分の家族を失ってしまったという悲しみからなどさまざまなものであり，それらは彼らにとっての"自分ごと"だったということに気がついたとき，急に今まで抱いていた環境活動というもののイメージに色がついたような気がしました。

　授業で，パタゴニア烏丸店の方々がゲストスピーカーとして講義に来てくださったときは印象に残っています。パタゴニアは，アウトドア用品を扱う企業ですが，虫を殺したり，土壌を汚すこともないオーガニックコットンを使った商品づくりに取り組む環境保護活動に熱心なことで有名です。パタゴニアで働く人にとって，環境を大切にしている企業の，その企業理念に共感して働くという選択をすること自体が環境活動なんだなと思い，私も"選択をすること"によって環境活動ができるんじゃないかと思うようになりました。

　また，私はこの授業を通じてオーガニック製品に興味を持つようになったのですが，オーガニック製品を選んで買うという選択は，自分の肌を守ることにもなります。このように考えると，土壌汚染という環境問題は"自分ごと"になります。こうやって，自分を大切にするように，環境を大切にする選択をしていこうというシンプルなアイデアを私に与えてくれたこの授業に感謝しています。

今後，私は自分の消費行動を通じて，メッセージを発し続けたいと思います。また，オーガニック製品や国内生産品，食といったテーマに関心が生まれたので，自分のなかで掘り下げていきたいと思っています。

【田村茉子＝2015年度受講生／政策学部 4 年】

第 2 部　環境問題への理論的アプローチ

■ 受講生からの感想 ②

　環境問題という課題に対して，異なる立場の方からのお話を聞くことができたことがよかったです。環境問題にかぎらず，あらゆる社会的課題に関してのアプローチ方法の思考の幅が広がったように感じています。このやり方が企業向きだとか，これは行政の仕事だとか，棲み分けが重要ではなく，むしろ掛け合わせて何ができるのか，いままで違う立場のものが行っていたものを違うところがやるとどんなプラスがあるのか，と考えることが必要だと感じました。加えて，こういった思考は文系の私たちが得意とするものであり，理論的な部分などは理系が行うにしても，実践的な部分は今後文系が思考し補うべきだと思いました。

　また，環境問題にかぎらない話ですが，社会的課題に対してはどの立場の人でもいかに当事者意識を持つことができるのかということが重要になることを学びました。そして，その当事者意識を持つためにはどうすればよいのか，知識の教育というのはもちろんのことながら，最後の授業でも話題にあがった「想像力」が非常に大切になってくると感じています。想像力から当事者意識が生まれ，課題に取り組む姿勢ができるのだと思います。

　私は将来，人事コンサルになりたいと思っているので，いかに当事者意識を持ってもらうかということは個人的に考え続けたい問いでもあります。また，大手のコンサル企業は，都心部の勤務になるので，子どもを育てるタイミングになったときに相応しい環境ではないということを感じています。この授業を受けてより一層，子どもを自然豊かな環境で育てたいという気持ちが高まりました。そのときまでに折衷案を考えたいと思っています。

【新井奈那＝2015年度受講生／商学部 4 年】

第 3 部———環境問題への実践的アプローチ

第6章　エネルギー・温暖化問題から環境を考える

田浦　健朗

🖉 環境に関するプロフィール

① 米国の大学で社会学を学んでいたときに，人口問題と資源・環境の有限性について学びました。そのとき以来，環境問題への関心を持ち続け，生活での環境負荷を減らすようにしてきました。1997年に京都で開催されたCOP3（気候変動枠組条約第3回締約国会議）に関係したことから地球温暖化問題について学び，その解決に向けた活動を行うようになりました。

② 1997年に開催されたCOP3で市民の立場から活動した「気候フォーラム」にスタッフとして参加し，気候ネットワーク設立以来，温暖化防止の活動に携わっています。今回の講座でも地球温暖化問題を主テーマとして，環境NGOが果たす役割，将来の展望について話しました。気候変動の深刻さについて理解いただき，社会の仕組みや経済制度の転換が必要であり，そのためにできることに率先して取り組んでいただきたいと思います。

③ 環境問題を学ぶ入り口として『沈黙の春』があり，その基本的な考え方に影響を受け，日常生活の基盤としています。気候ネットワークの理事でもある原強氏を通じてカーソン関係者との出会いや学ぶ機会が増えました。今後の生活や活動にも活かしていきたいと思います。

進行する地球温暖化

　2013年から2014年に公表されたIPCC第5次評価報告書によると，1880年から2012年の間に，地球の平均気温は0.85℃上昇したとされています。その後，2014年，2015年，2016年と3年続けて世界の平均気温が観測史上最高を記録しましたように，これまでの傾向を上回る観測結果が続いてます。地球規模での観測が始まる前も含めて地球の平均気温がこれほど急激に上昇することはこれまでになかったことです。

　気温の上昇はさまざまな影響を与えます。その1つに海面上昇があります。これは海水の温度が上がり膨張することと，地上の氷が融けて海に流れ込むこ

第6章　エネルギー・温暖化問題から環境を考える

とが主な理由です。小さな島国では，すでに海面上昇の深刻な脅威にさらされています。日本も島国であり，大きな都市は沿岸部に発達していて，都市部の相当の部分が海水面以下にあります。わずかな海面上昇でも，その影響は深刻な被害をもたらす可能性があります。

　地球温暖化は気候を極端化させ，集中豪雨，干ばつが頻出します。台風が大型化し，日本では台風が勢力を保ったまま接近・上陸することになります。水資源，農業や漁業など私たちの生活・産業への影響もあります。熱中症の増加，ウイルスを媒介する蚊の生息域拡大などの健康への影響も日常の生活を脅かすものです。生態系全体への影響も大きく，ゆるやかな気温の変化には動植物は移動して適応することが可能ですが，急激な変化には移動のスピードが追いつきません。その場合は多くの種が絶滅してしまいます。

　すでに，温暖化によるさまざまな変化が各地で起こり，被害も甚大です。1つの出来事について温暖化が原因であると断定はできません。しかし，温暖化が起こることによってもたらされる現象が増加していることは確実です。

温暖化の仕組み

　地球には太陽から膨大なエネルギーが届いていて，そのエネルギーが陸地を温めます。温まった陸地からは赤外線として宇宙に放射され，その一部は大気中の温室効果ガスが吸収して地表付近を温めます。適度な温室効果ガスが存在することによって，地表付近の平均気温は14℃に保たれています。もし温室効果ガスがまったくない場合はマイナス19℃になります。これまで，自然の変動はありながらも，適度な温室効果ガスが存在することによって，いまの生態系に適した気温に保たれてきていました。しかし，産業革命以降，石炭・石油・天然ガスなどの化石燃料の使用の増加にともなって，温室効果ガスの排出量が増加し続けてきています。そのために温室効果が増大し，地表付近の気温が上昇しています。この現象を「地球温暖化」と呼んでいます（図6-1）。

　この温暖化の原因となっている温室効果ガスにはさまざまなものがあります。人為的に排出されるなかで最も多いのが二酸化炭素（CO_2）です。これは，主には化石燃料の燃焼によって排出されます。その他には，メタン，一酸化二窒素，フロン類などが温室効果ガスです。メタンは，農業，燃料の燃焼などか

89

第3部　環境問題への実践的アプローチ

図6-1　温暖化のメカニズム

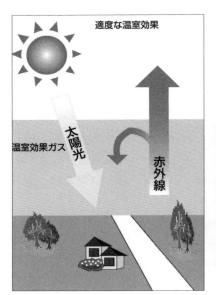
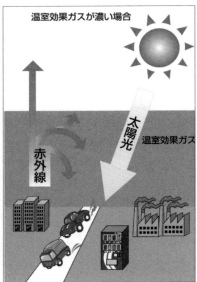

出所：気候ネットワーク作成

ら排出され，フロンガスは，冷媒として，あるいは半導体の洗浄用に使用されています。このように，現在の私たちの生活に欠かせないものばかりです。地球温暖化の脅威が増し，早急な対策が必要であるにもかかわらず，社会の大きな変化がともなうために，簡単に大幅な排出削減ができない状況です。水蒸気も温室効果があるのですが，こちらは，人為的に排出されるのではないため，排出削減の対象とはなっていません。

　大気中の CO_2 の濃度は，産業革命前までは約 280ppm で安定していました。人類が化石燃料を使用するようになり，その濃度が上昇し始め，特に1950年代以降に急激に上昇しています。ハワイのマウナロアの観測所で，2013年5月に 400ppm を超えたことが観測され，2014年には北半球全域で 400ppm を超えたことが観測されました。80万年前に遡ってもこのような濃度になったことがなく，きわめて異常な事態になっているといえます。

　自然の変動によって地球の平均気温が変化することがあります。自然の変動要因としては，太陽活動の変化，大規模な火山の噴火，エルニーニョ・ラニー

第6章　エネルギー・温暖化問題から環境を考える

ニャ現象，地球の公転軌道の変化などがあります。これらの要因を含めて，シミュレーションをした結果，近年の気温上昇は自然の変動とは一致せず，人為起源を含めると一致します。このような研究の蓄積から，IPCC の第5次評価報告書では，「地球温暖化は人が原因である可能性がきわめて高い（95％以上）」と記述されています。

今後の予測と気温上昇を2℃以下に抑える目標

　IPCC の第5次評価報告書によれば，2100年までに，最大で4.6℃上昇すると予測されています。しかし，一番低いシナリオでは，0.3℃の上昇にとどまります。この報告書のシナリオは，私たち人類の選択によって変わることになり，0.3℃程度に抑えることは，きわめて難しいが不可能ではないということを伝えています。

　危険な気候変動の影響を回避するためには，気温上昇が2℃を超えないようにすることが望ましいと考えられています。もし，2℃を超えると，地球温暖化による悪影響が大きくなり，取り返しのつかない変化が起こってしまう可能性が高まります。それは，不確実性がともないますが，産業革命の前から2℃の上昇を超えないという目標が世界で共有されています。また，2℃の気温上昇では深刻な被害が起こってしまうとの警告もあり，1.5℃を超えない目標が必要であるともいわれています。そのこともふまえられて，パリ協定では「1.5℃に抑えるよう努める」とされています。

　IPCC 第5次評価報告書で，温室効果ガスの累積排出量と気温上昇が比例していることが示されました。人類が化石燃料を使用して排出してきた量に比例して気温上昇が起こるということです。人類はこれまでに約500ギガ（5000億）トンの温室効果ガスを排出していて，現在，毎年10ギガ（100億）トン程度排出しています。温室効果ガスの排出が800ギガ（8000億）トンになると2℃を超えるリスクが大きくなります。このままのペースで排出し続けると，約30年で800ギガ（8000億）トンを超えてしまいます。気温上昇を2℃以下に抑える可能性を大きくするには，世界全体の排出量を早急に減らし，2050年以降には，実質的な排出ゼロを達成する必要があります。

91

第3部　環境問題への実践的アプローチ

国際交渉会議の経緯

　1985年にオーストリアのフィラハで気候変動に関する科学的知見を整理するための初めての国際会議が開催されました。その後，1992年に気候変動枠組条約が採択され，1994年に発効しました。翌年の1995年に，この条約に参加している国による第1回の締約国会議（COP：Conference of the Parties）が開催されました。その第3回の会議であるCOP3が京都で開催されました。温暖化防止のための具体的な約束をともなう合意ができるかどうかが問われた会議で，困難な交渉を経て「京都議定書」が採択されました。

　京都議定書では，1990年を基準として6種類の温室効果ガスを対象に，2008年から2012年の間（第1約束期間）に削減することが先進国と市場経済移行国に義務づけられていました。その数値は国によって異なり，日本は6%，米国が7%，EUが8%となっていました。議定書には，目標達成のための仕組み，森林吸収源の規定，守れなかった場合の罰則などが含まれています。

　京都議定書の削減目標は十分に高いものとはいえませんが，それまでのエネルギー使用量を増大させることで経済・社会を発展させていくという方向性から，異なる方向に変化させる非常に画期的な約束です。京都議定書によって，温室効果ガスの排出を減らす技術や仕組みが現れて，それが定着していくようになってきました。現在は第2約束期間で，三フッ化窒素（NF_3）が削減対象のガスに追加されています。日本は京都議定書には継続して参加していますが，第2約束期間の削減目標を持っていません。そのため「実質的には不参加」といわれる場合があります。

2013年以降に関する交渉と COP21

　京都議定書の第1約束期間が終了する2013年以降の対策についてどうするかが国連気候変動枠組条約での交渉の主要課題となり，2009年に開催されたCOP15で合意することが決まりました。COP15はデンマークのコペンハーゲンでの開催となり，世界中から注目を集めた会議となりました。

　残念ながら，「コペンハーゲン合意は留意」という結果になり，新しい約束はできませんでした。大きな失望感が広がりましたが，国際社会はそこでの経験を活かして，交渉を重ね，メキシコのカンクン（COP16），南アフリカのダー

バン（COP17），カタールのドーハ（COP18），ポーランドのワルシャワ（COP19），ペルーのリマ（COP20）での会議を経て，新しい約束の枠組がかたちづくられてきました。

2015年11～12月に，パリで開催されたCOP21は世界中から注目を集め，これまでの議論をまとめる合意ができるかどうかが問われた会議となりました。地球温暖化問題・気候変動問題の深刻さの認識が広がり，同時に化石資源に頼らない社会・経済が可能ではないかという希望も膨らんできた状況もあり，「パリ協定」が採択されました。パリ協定では，気温上昇が2℃を十分に下回ることを目標として，今世紀後半には人為的な温室効果ガスの排出量と人為的な吸収量をバランスさせるという内容も含まれました。条約に参加しているすべての国が，温室効果ガスの削減，温暖化対策の推進に取り組むことが合意された協定となりました。

国際交渉での環境 NGO の活動

気候変動問題に取り組んでいる環境 NGO の国際ネットワークである「気候行動ネットワーク（CAN：Climate Action Network）」がこの国際交渉の後押しをしています。現在は120か国から1100以上の環境 NGO が参加している組織で，気候変動に関する国際会議に参加し，情報共有をしながら，ロビー活動，調査研究，情報発信などの活動を行っています。

国連気候変動枠組条約の会議は政府代表団による交渉であるために，短期的な国益が優先されてしまうことがあります。環境 NGO には，地球温暖化を防ぎたいという世界中の人々の想いを伝え，国際交渉に反映させるために，国を超えた地球益という観点から交渉を後押しする役割があります。環境 NGO からは，継続して会議に参加し，専門的な知見を蓄積してきている人もいることから，長期にわたる交渉の進展に貢献することができます。交渉の内容を広く市民に伝えるために，CAN は「eco」という速報紙を発行し，環境 NGO の意見も含めて情報提供を行っています。

COP3のときには，国内の環境 NGO が中心となって，「気候フォーラム」という組織を立ち上げ，さまざまな関連団体と連携し，さらには世界の NGO のネットワークである CAN と連携して活動を展開しました。

93

第3部　環境問題への実践的アプローチ

　1997年当時は，地球温暖化に関する理解が広まっていたとはいえない状況でしたので，気候フォーラムがわかりやすく解説する冊子の作成やシンポジウムの開催などを行い，温暖化問題に関する理解を広めていったといえます。会議期間には途上国 NGO の参加支援，大集会とパレードの実施，情報提供として「Kiko」の発行を行いました。交渉は難航しましたが，期日を延長して京都議定書が採択されたこともあり，気候フォーラムの活動は高く評価されました。しかし，明確な課題も浮き彫りになりました。「環境 NGO 先進国」の組織と比較すると，人材・組織基盤は明らかに弱いものでした。そのため社会への影響力も限定的であり，政策決定に直接的な影響を与えることも難しいという課題が明確になりました。

　気候フォーラムは期間限定の組織でしたので，その組織の趣旨・活動を継承して「気候ネットワーク」が1998年4月に発足しました。気候ネットワークの活動や成果に関しては後述します。

国内の温暖化対策

　国内の温室効果ガスの排出量は，増加し続けています。京都議定書の基準年（原則1990年）の排出量は12億7400万トンでした。その後，排出量は増加傾向を続けていましたが，リーマン・ショックの影響で2009年は排出量が減りました。2011年の東京電力福島第一原子力発電所の事故で原子力発電の稼働が減り，電源係数の悪化によって増加しました。しかし，原発事故によって節電の取り組みも進みました。

　国内の温室効果ガスの排出は大規模事業者が多くを占め，約130の事業所からの排出で日本の排出量の50％になります（図6‐2）。これは，発電，鉄鋼製造，セメント製造など，大規模な工場からの排出が非常に多いためにこのような構造になっています。現在，発電所や工場の効率は異なり，効率がよい事業所がある一方で，効率が悪く，エネルギーを無駄に使用している事業所が多くあります。それらを効率のよい事業所と同じ効率に変えていくことで大幅削減が可能です。まずは，大規模な排出源から対策を進める必要があります。

　温暖化防止のための政策としては，キャップ＆トレード型排出量取引制度，炭素税，再生可能エネルギー固定価格買取制度（FIT：Feed in Tariff）があります。

第6章　エネルギー・温暖化問題から環境を考える

図6-2　日本の温室効果ガス排出量の内訳

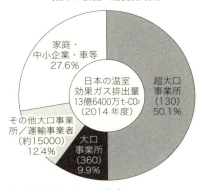
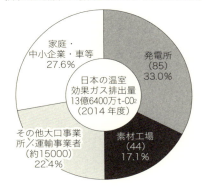

出所：気候ネットワーク作成

　排出量取引制度は米国で発電所における硫黄酸化物（SO_X）の削減のために始められた制度です。温室効果ガスを対象とした排出量取引制度は英国で始まり，EUで導入されました。炭素税は炭素の排出に対して課税する制度で，ヨーロッパ各国で導入実績があります。再生可能エネルギーの固定価格買取制度は，再生可能エネルギーによる電力が一定期間，一定額で買い取られる制度です。これらの政策を組み合わせて，社会全体で温室効果ガスの削減に方向づけられることが必要です。

エネルギー問題

　日本では，温暖化の原因となるCO_2のほとんどは化石燃料の消費によって排出されています。エネルギー政策と温暖化対策は密接な関係を持っています。化石資源が少ない日本では，省エネが重要であるという基本的な理解はありますが，温暖化対策として効果的な省エネのための政策は限定的でした。
　原子力を推進するという国策のもとに，「発電時にはCO_2を出さない」という理由から，原子力発電が温暖化対策の柱として位置づけられていました。ところが，原子力発電は簡単には新増設ができず，大量の電力消費の構造を保ったままであったため，火力発電の稼働が続き，CO_2の削減には至りませんでした。原子力発電によるCO_2削減の構造は，省エネも再生可能エネルギーも

第3部　環境問題への実践的アプローチ

必要ないということにつながり，欧州の国などが，飛躍的に再生可能エネルギーを増大させてきたことと反対の方向が続いてきました。

エネルギー使用にともなう大きな課題には，投入するエネルギーと比べて有効に利用しているエネルギーの割合が低いことがあります。特に発電所における排熱のロスが大きく，エネルギーの無駄遣いといえます。この熱を有効利用することで，効率の改善になります。消費側のエネルギー使用量の変化はなく，投入するエネルギー量を減らすことと同時に CO_2 の排出量を減らすことができます。大規模集中型でなく小規模分散型の制度の時代に変わりつつあり，再生可能エネルギーが主役となる時代になってきています。

再生可能エネルギー（Renewable Energy）は，太陽の光，風，水の力などを利用して電気や熱をつくるものです。石炭や石油は，枯渇する資源で，温暖化の原因となる CO_2 を排出しますが，再生可能エネルギーはほとんど排出しません。木材などのバイオマスの利用にあたっては，大気中の CO_2 を吸収して成長したものを利用するので，成長する速さ以下での利用であれば，大気中の CO_2 を増やすことにならないので，温暖化を進行させることにはなりません。再生可能エネルギーには，それぞれに特徴があり，地域によって利用しやすいところとそうでないところがあります。

再生可能エネルギーを推進する制度として，固定価格買取制度（FIT：Feed in Tariff）があります。これは，再生可能エネルギーによる電気を一定期間，買取価格を補償する制度です。ドイツのアーヘン市でこの制度が始まり，各地で再生可能エネルギー増加の実績につながり，多くの国で採用され再生可能エネルギーの普及を進めてきました。国内では，2012年7月に開始しました。太陽光，風力，小水力，バイオマス，地熱から発電された電気を対象として，一定期間・一定額で買い取られます。その費用は電気の消費者が使用量に応じて支払うことになっています。

この制度によって，設置計画から完成までの期日の短い太陽光発電がまず増加しました。太陽光は昼間に発電することから，電力需要が大きくなる夏の昼の「ピークカット」の役割を果たします。2014〜15年には原子力発電はほぼ稼働しなかったなかで，夏季の深刻な電力不足は起きませんでした。

ドイツなどのヨーロッパの国では，すでに電力の30％以上を再生可能エネル

ギーが占めています。再生可能エネルギーの普及による停電や電気の質の悪化の問題は起こっていません。日本では，近年，増加していますが，まだ7％程度（大規模水力を除く）にとどまっています。大規模発電所による電力システムを維持することを前提とする旧来型の発想から抜け出すことができず，現在あるIT技術などを電力システムに活用することができていません。世界が再生可能エネルギー100％の時代に入りつつあるにもかかわらず，日本が石炭火力発電を大幅に増加していこうとする方向は，環境・経済の両面からも望ましいものではありません。

地域の温暖化対策

　地球温暖化はグローバルな課題ですが，地域レベルでも取り組むことが重要です。温室効果ガスの排出は人類の活動，いわば日々の生活や社会・経済活動が原因です。排出の現場である地域から対策を進め，持続可能な地域を構築していくことが求められています。特にまちづくりや交通部門の対策については地域住民の合意による対策・取り組みが鍵になります。

　地域によって気候風土が異なることから，地域の対策の内容や優先度も異なります。特に風や水の流れ，森林などの地域資源があれば，それらを活かした対策が可能になります。温室効果ガスの排出削減は大きな変化をもたらすものですが，地域にある地域資源を活かすことも可能であり，そのほうが地域にとっても望ましいといえます。たとえば，風が強い地域では，風力発電，森林が豊富な地域では木質バイオマス利用ができます。これまでは，利用されてこなかったものが貴重な資源となります。また，人材とそのネットワーク，文化や歴史的経験なども地域資源であり，地域固有の温暖化対策に活用できるものです。地球温暖化対策を進めることは地域経済にとっても実は好ましいことだといえます。

　すでに，低炭素で持続可能な地域づくりをめざしている地域もあります。岡山県西粟倉村は，100年の森構想を基盤として，持続可能な地域づくりに取り組んでいます。環境モデル都市でもあり，「上質な田舎づくり」をめざしています。地域の水力発電をリプレイスし，その利益の一部をさらなる再生可能エネルギー普及などに活用しています。村としての方針が明確であることから，

第3部　環境問題への実践的アプローチ

環境関連の事業が始まり，新しい人が移住してくるなど，地域の活性化にもつながっています。

気候ネットワークの活動

気候ネットワークは，国際交渉への参加，国内対策の評価・提言，地域の活動と，重層的な活動を行っています。活動方法も，調査研究，情報発信，ロビー活動，セミナー・シンポジウムの開催，温暖化防止教育，全国キャンペーンと多様なものです。そのなかで，政策提言を柱として，その政策が実現することをめざしています。

調査研究，政策提言活動　温暖化対策に関する政策提言としては，これまでに，「温室効果ガス6％削減市民案」(2000年10月)，ディスカッションペーパー「京都議定書からの大きな削減を」(2003年11月)，政策研究レポート「地球温暖化対策と排出量取引制度」(2004年3月)，「地球温暖化対策推進大綱の第2ステップへ向けた NGO 提案」(2004年8月)，政策研究レポート「地球温暖化防止の視点から都市間交通を問い直す」(2006年8月)，「2020年の30％削減社会ビジョンを描く〜家庭・業務部門の削減シナリオと政策提言〜」(2006年9月)，「このままではいけない！今こそ実効ある政策の導入・強化で国内削減を〜中長期の視点と『京都議定書目標達成計画』見直し〜」(2008年3月)，「3つの25は達成可能だ〜震災復興と温暖化対策の多くは共通〜」(2011年4月)，「原発にも化石燃料にも頼らない日本の気候変動対策ビジョン（シナリオ編）」(2014年3月)を地球温暖化対策の政策としてまとめて公表しています。これらの提案がすぐに導入されることはありませんが，政策の参考となり，時間を経たうえで，導入されることや，他の活動とあわさることで実現することもあります。

長期的なシナリオに関する研究では，2030年には40％以上，2050年には85％以上の削減が可能であると提案しています。このシナリオでは，現実の社会の動向を想定し，具体的な技術にもとづく削減量の計算をしています。まだ普及していない技術は含めていませんので，実現が可能なシナリオであるといえます。

市民共同発電所づくり　再生可能エネルギーは，小規模分散型で市民所有ができることが特徴です。そのため，市民が所有する

98

第6章 エネルギー・温暖化問題から環境を考える

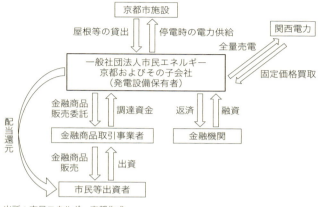

図6-3 京都の市民協働発電所の仕組み

出所：市民エネルギー京都作成

地域のための発電所があります。その特徴を活かして，市民共同発電所づくりに取り組んできました。取り組みを始めた当時は，寄付を集めて再生可能エネルギーの発電施設を設置することが主流でした。2012年7月に再生可能エネルギーの固定価格買取制度が導入され，一定の収益を見込むことができるようになりました。そこで，出資型の市民共同発電所の設置が増加しました。

京都では，行政と市民が連携して，独自の制度の検討を行い，「京都市市民協働発電制度」を実現させました。これは，京都市の施設を無料で提供し，市民団体が市民からの出資を募って太陽光発電所を設置し，売電収益はさらなる再エネ，省エネ，環境教育などに活用していくという制度です（図6-3）。他の地域でも行政の屋根貸し制度はあるのですが，民間の事業者が設置し賃貸料を支払うというのが一般的です。それとは違った市民参加と地域貢献を含む制度ということで注目を集めました。この制度のもとで，「一般社団法人市民エネルギー京都」では4箇所に設置しました。この制度が1つのモデルとなり，他の地域でも同様のあるいは参考とした発電所が設置されています。

人材育成・環境教育　　地球温暖化対策を進めるための鍵が人材と教育です。
　　　　　　　　　　温暖化対策は具体的な事業の積み重ねが必要です。事業を企画し，実践し，その後に評価検証して，新たな段階に進むというプロセスが必要です。そのための人材が重要であり，事業によってはさまざまな知識

99

第3部　環境問題への実践的アプローチ

や経験などが求められます。具体的な事業を担う人材を育成し，活躍できる
場・機会をつくっていくことも必要です。

　教育は直接温室効果ガスが削減される活動ではありませんが，教育を通じて
気づき，活動を実践することで対策が進みます。また，将来を見越して環境へ
の理解を深めることは重要です。地球温暖化の仕組みやその原因は，地球規模
の問題であり，長期的な視点も必要なことから，簡単に学ぶことができない課
題です。しかし，工夫されたプログラムが開発され，適切な理解が進み，生活
の変化や環境保全活動の実践につながっている事例もあります。気候ネット
ワークは，京都市等と連携して先駆的な温暖化防止教育「こどもエコライフ
チャレンジ」を行っています。

　気候ネットワーク設立当初から大学生のボランティア活動で，小学校で参加
型の温暖化防止プログラムが行われてきました。この活動から，こどもエコラ
イフチャレンジに発展し，2010年度からは京都市内の市立小学校全校で実施さ
れるようになりました。地球温暖化に関する情報は多くなっているのですが，
仕組みや影響，原因と対策など包括的に学ぶ機会はあまり多くありません。こ
のプログラムは夏休み（冬休み）の前に学習し，休み期間にエコライフを実践
し，提出したワークブックをもとに作成した診断書が児童一人ひとりに返され
ます。夏休み（冬休み）の後に振り返り学習を，グループワーク形式で行いま
す。温暖化問題を理解し，行動に移すことは簡単ではありませんが，このプロ
グラムでは，学ぶだけでなく考え，行動に移すことにつながるよう工夫をして
います。常にプログラム，教材，グループワーク手法等について評価し改善を
試みています。京都市温暖化対策室，教育委員会などとのパートナーシップで
実施し，多数のボランティアの協力があり，環境活動に取り組んでいる人の活
躍の場ともなっています。

　このプログラムが評価され，他の地域にも波及しています。国内のみなら
ず，マレーシアのイスカンダル開発地域でも，このプログラムを参考とした事
業が実施されています。

環境 NGO の社会的影響

　地球温暖化問題の解決に向けて，環境 NGO が果たす役割はどのようなもの

第 6 章　エネルギー・温暖化問題から環境を考える

でしょうか。国際交渉における世界の NGO のネットワークである CAN の果たしてきた役割は非常に大きいものであるといえます。国内でもさまざまなレベルで多様な活動を行う環境 NGO の存在は重要であると考えることができるでしょう。しかしながら，その社会的影響力は限定的であるといえます。

　国内で政策提言を主活動として活動を続けることは容易ではありません。活動の成果が見えづらく，その重要性が認識されている状況ではありません。気候ネットワークは，1998年の設立以降，継続して活動を活性化させ組織を大きくしてきたことは，新しい社会的な位置づけをしてきたと評価できるでしょう。組織として，京都議定書の発効など，達成することができた目的もあります。また具体的な政策の導入への貢献，モデル的な活動づくり，人材の育成なども成果としてあります。成果の要因としては，国際交渉・国内対策・地域活動を関連づける意識で活動を展開してきたことや，政策提言を柱として，調査研究，セミナー・シンポジウムの開催，モデル事業づくり，キャンペーン実施，書籍出版など多様な手段で活動を実施してきたことにあるといえます。

　一方で課題も少なくありません。政策形成，社会的影響力はきわめて限定的です。ドイツなどの国と比較すると，会員数や寄付金が非常に少なく，社会変革を起こすような大きな役割を担えていない状況です。気候ネットワークを含めて，日本の環境 NGO が社会的な影響力を大きくしていくことで，地球温暖化問題の解決を通じて，よりよい社会づくりへの貢献につながるはずです。

おわりに

　気候変動枠組条約，京都議定書，パリ協定と温暖化防止の取り組みも長い期間を経てきました。この間，さまざまな変化があり，温暖化対策が進展してきました。しかし，温暖化の進行を止めることができる社会・経済には至っていません。社会・経済の大転換が必要であることは，既存の制度から脱却，あるいは価値観の転換もともなうものです。

　たとえば，「温暖化対策を進めると経済に悪影響を及ぼす」という主張があります。旧来型の開発・発展という概念では，これが当てはまるかもしれませんが，持続可能な社会への転換が起こっているいまでは，省エネや再生可能エネルギーを進めることで，雇用を生み，経済の好循環をつくり出すことで，経

101

第3部　環境問題への実践的アプローチ

済成長を進めながら温室効果ガスを削減することを実現させている国・地域があります。EU 諸国のほとんどがそのような状況になっています。この乖離を「デカップリング」といっています。温暖化対策は経済や社会を疲弊させるものではなく，経済の維持，雇用の創出，豊かなライフスタイルを実現するものです。

　温暖化問題は他の社会課題，環境問題と密接に関連しています。その原因をつきつめてみると，解決に向かう取り組みは相互に関連しあい，相互作用を生み，よい方向に進むはずです。化石資源を奪いあうことが紛争を誘発し，平和を脅かしてきました。その化石資源に依存しない経済・社会・国際関係は平和構築にもつながります。巨大な発電所に依存したシステムは富の集中につながってきました。地域分散の市民所有の再生可能エネルギーが中心になれば，地域の疲弊や貧困の解消にもつながります。生物の多様性を脅かす気候変動の防止が希少な生物種や多様性を保全することは述べるまでもありません。

　地球温暖化を防止することができる持続可能な社会は，いまよりも平和で豊かで平等な社会になると考えられます。多くの文明が環境破壊によって滅亡してきたという歴史的教訓から学び，現状について適切に把握し，望ましい将来を選択し，実現していくことが求められています。

＊参考文献
　明日香壽川，2015，『クライメート・ジャスティス』日本評論社.
　植田和弘監修，2016，『地域分散型エネルギーシステム』日本評論社.
　亀山康子・高村ゆかり編，2015，『気候変動政策のダイナミズム』岩波書店.
　亀山康子・森晶寿編，2015，『グローバル社会は持続可能か』岩波書店.
　鬼頭昭雄，2015，『異常気象と地球温暖化』岩波書店.
　小西雅子，2016，『地球温暖化は解決できるのか』岩波書店.
　諸富徹監修，2015，『エネルギーの世界を変える。22人の仕事』学芸出版社.
　和田武，2016，『再生可能エネルギー100％時代の到来』あけび書房.
　全国地球温暖化防止活動推進センター　http://www.jccca.org/index.html
　特定非営利活動法人気候ネットワーク　http://www.kikonet.org
　Climate Action Network International（英語）　http://www.climatenetwork.org
　IPCC：Intergovernmental Panel on Climate Change（英語）　http://www.ipcc.ch
　UNFCCC：United Nations Framework Convention on Climate Change（英語）　http://unfccc.int/
　　2860.php

第7章 「水銀に関する水俣条約」を ふまえた国内対策

原　　強

環境に関するプロフィール

① 大学に入学したのが1968年。当時は日本の「高度成長」のピークで，物価問題とあわせて公害問題が社会問題になるなかで，環境問題のなかでも，特に公害問題からかかわってきました。

② 地球環境問題については1990年の「アースデー」に始まり，リオの地球サミット，京都議定書を採択したCOP3（気候変動枠組条約第3回締約国会議）に市民の声を反映させる取り組みを進めてきました。同時に足元から取り組むということでは，リサイクルの分野で活動を始め，その後，「家庭から出るやっかいなごみ」，その代表格の水銀使用製品の適正処理をめざす活動に広がってきました。

③ カーソンとのかかわりは1987年の「生誕80年」記念事業以来のことで，その生涯や思想を語る活動を継続するなかで，自分の物の考え方の柱や枠組ができあがってきたように思います。

はじめに

　私はNPO法人コンシューマーズ京都の役員をしています。コンシューマーズ京都は，1972年に京都消費者団体連絡協議会として発足しました。2003年にNPO法人化するに当たり，名前をコンシューマーズ京都に改め，「消費者保護」と「環境保全」という2つの領域で活動するNPOとして認証されました。今日は環境のお話ですから「消費者保護」の部分は省略しますが，「環境」の領域でもいろいろなことに取り組んできました。「京都議定書」のまちである京都ですから，「地球温暖化防止」にも取り組んでいます。

　他方で，かなりのウェイトで水銀に絡む仕事をやっています。蛍光灯の適正処理というテーマで活動するNPOや市民団体は珍しいと思いますが，もう10年以上にわたってこの活動を続けています。さまざまな助成もいただき，コンシューマーズ京都の事業のなかで結構なボリュームになっています。というわ

103

けで，今日は「水銀に関する水俣条約」をふまえた国内対策に関連した私の
NPO での活動についてお話することにします。

「家庭から出るやっかいなごみ」の代表＝水銀使用製品

　コンシューマーズ京都が NPO 法人として活動を始めたとき，最初に取り組
んだことが「家庭から出るやっかいなごみ」の問題でした。最初は，スプレー
缶の問題などにかかわってきましたが，たどり着いたのが水銀使用製品の適正
処理の課題でした。具体的には，蛍光灯がごみになったときにどうなるのかと
考えたとき，リサイクルできるのではないかと考えたのです。特にその場合に
大事なことは，蛍光灯のなかに水銀が入っている，その水銀を確実に回収する
必要がある，ということです。蛍光灯に水銀が使われているということは知ら
れているようで知られていない，大人でも半分ぐらいの人しかご存じないとい
う実態があるわけです。2015年6月6日に京都市の「北区ふれあいまつり」で
実施したアンケートでも，蛍光灯に水銀が使用されていることについて「知っ
ている」人と「知らなかった」人の数は半々でした。ですから，学生のみなさ
んにこの話をして，そうだったのかと思う人がいても当たり前なのです。
　日本の公害の原点とされる水俣病の原因物質は水銀でした。水銀が環境中に
放出され，メチル化し，そのメチル水銀がまわりまわって人間の身体のなかに
入り，たいへん有害な働きをするというメカニズムです。その度合いがものす
ごく強かったのが水俣病という公害病でした。カーソンの場合は DDT という
農薬でした。DDT が自然界に放出され，そしてまわりまわって生き物を経る
ごとに濃縮されていくというものでした。私の言葉でいうと「生命の連鎖が毒
の連鎖に変わる」という言い方をしてきましたけれど，DDT なども生き物か
ら生き物へ順番にバトンタッチされていきます。そのたびに濃縮され，「最後
は人間」ということで，人間の健康に影響が出てくるということでした。同じ
ことが，放射性物質についてもいえますし，今日の話題の水銀でもいえるので
す。水銀が入っている蛍光灯をちゃんと処理しないとダメだと思います。

蛍光灯の適正処理に取り組んで

　ところが，京都市の場合，蛍光灯がごみになったときの回収の仕組みがあり

ませんでした。そのことの影響があるのか，いまでも，分別回収の仕組みが
あっても，蛍光灯を分別排出しない方がいらっしゃるのです。10年以上前のこ
とになりますが，その当時の京都市では，蛍光灯を新聞紙に包んでガラスが飛
び散らないように割って生ごみと一緒に燃えるごみに出すということが普通に
行われていました。ということは，蛍光灯をごみ焼却炉で燃やしていたわけで
す。焼却炉のなかで飛び交う水銀を回収する機能がなかったら，それが煙突か
ら出てしまう，大量に蛍光灯を燃やし始めたらどうするの，ということがとて
も気になったのです。

　蛍光灯の前に乾電池の問題がありました。日本の乾電池は，いまは基本的に
は水銀を使わなくなっていますが，1992年頃までは水銀乾電池でした。そし
て，その回収の仕組みがありませんでした。その後，水銀乾電池の問題が社会
問題化し，乾電池の分別が検討されました。ですが，水銀を使っている蛍光灯
は分別されず燃やされていました。

　そういうわけで，私は，何とか蛍光灯の適正処理を実現したいということで
動き始めました。幸運にも環境省のエココミュニティ事業という委託事業がい
ただけることになりました。そこで，みなさんに呼びかけて，暮れの大掃除を
前に，蛍光灯の入れ替えの際に，まちの電気屋さんに蛍光灯を持って行っても
らったらどうでしょうか，と社会実験に取り組みました。そうしたら，とても
よい反応がありました。市民が動いてくれました。このように，市民に呼びか
ければ動いてくれるということを京都市に問題提起をしたのです。そうするな
かで，2006年10月から，京都市においても，ようやく蛍光灯の分別回収の仕組
みが動き始めたのです。

「家庭で眠っている」水銀体温計・水銀血圧計の回収へ

　いま，私は蛍光灯から始まって，水銀体温計・水銀血圧計の回収を呼びかけ
るようになりました。水銀体温計は，いま家のなかにたくさん眠っています。
みなさんは熱が出たときに，おそらく電子体温計を使われているでしょう。体
温計を入れてしばらくして「ピッピッ」と音が鳴れば出したらよいものです。
なかでも性能がよいものは，すぐにわかるようになっています。しかし，以前
は体温計といえば水銀を使った体温計でした。これが回収される前に，電子体

温計が市中に出回ったので，家のなかに水銀体温計が眠っているのです。そこで，これを回収するキャンペーンに取り組んだのです。

　同じように，血圧計もいまは電子血圧計で，家庭でも簡単に計れるようになっています。以前は水銀の血圧計でした。この水銀血圧計も，結構な数が家のなかで眠っています。これを回収して適正処理しようということも呼びかけました。

　京都市が使っているデータによれば，水銀体温計は蛍光灯100本分，水銀血圧計は蛍光灯6800本分の水銀を使っているといわれていますから，この取り組みはとても重要だと思っています。

水俣病京都訴訟にかかわって

　では私が，どうして水銀とかかわっているのかと考えてみると，水俣病の問題にかかわることがきっかけだったように思います。水俣病の裁判は，九州，新潟だけでなく，京都でもありました。

　どうして京都で水俣病の裁判なのかと思われるでしょう。私も最初はそう思いました。いろいろ聞いてみると，水俣にいても仕事が満足にないから，関西に移り住んで仕事に就いたが，やっぱり身体がすぐれない。そこで検査をやってみると水俣病だと診断される。日本では何でも申請主義をとっていますので，水俣病患者として認定してもらいたいと申請して，認めてもらわなければなりません。ところが，なかなか水俣病患者として認めてもらえないということで，関西に住んでいる水俣病の患者の方が京都地裁に裁判を起こしました。この裁判を支援する会ができ，私は，裁判の傍聴，水俣病の患者さんとの交流，水俣の現地訪問など，水俣病京都訴訟支援の活動に参加してきました。

　水俣病の京都訴訟は，京都地裁では勝訴しましたが，大阪高裁まで裁判が進みました。いつまで続くかわからない裁判のなかで，患者の方にとっては「いのちあるいま救済を」ということが基本的な願いだということで，結局，和解をすることになりました。

　しかし，京都訴訟はそうやって終わっても，水俣病の問題は終わりません。各地の訴訟は継続しますし，新たな訴訟も始まります。いつまで経っても終わらないのです。水俣病というのはたいへんな問題だとつくづく思いました。

第7章 「水銀に関する水俣条約」をふまえた国内対策

　水俣病の京都訴訟にかかわったのとほぼ同じ時期に，カーソンを語り継ぐ活動に加わりました。水俣病を語るということと，カーソンを語るということは，私にとっては，水銀とDDTの違いがあるにしても，完全に重なる話でした。こういうことがあって，私はNPOの環境保全活動としてごみ問題にかかわるなかで，蛍光灯の適正処理を求める活動に出会うことになりました。

水俣病は日本の公害の原点

　最近，学校教育現場では，公害教育というのではなく，環境教育というようになり，公害のことをあまり学習しなくなってしまいました。ですから，みなさんも公害の話はあまりご存じないかもしれません。しかし，四大公害病といわれたものを含め，全国各地で公害問題がありました。このことは忘れないでいただきたいのです。

　当時は各地にコンビナートがつくられ，大気汚染が問題になりました。まさに煙もくもくという状況でした。いま中国の各地で大気汚染がものすごい状況にありますが，これとよく似たようなことが，四日市，川崎，大阪の尼崎，九州の福岡，至るところでありました。

　当然，多くの人の健康に影響が及びました。四日市の場合は，ぜんそくです。四日市ぜんそくという名前のとおり，咳が出て，苦しいことになりました。それから富山のほうに行くと，イタイイタイ病です。鉱山で掘ったものの影響で，カドミウムが身体のなかに取り込まれ，イタイイタイ病になってしまいました。それと並んで熊本のほうの水俣病です。それから新潟の水俣病です。それ以外にも西淀川の公害であるとか，全国各地に公害問題がたくさんありましたが，典型的なものとして4つの公害病が取り上げられ，四大公害病と呼ばれました。

　公害という場合，原因物質がどこから出ているのかということがはっきりしています。企業の加害責任もはっきりしています。しかし，問題がわかっても，やめようとしないのです。明らかにその企業の責任は大きいといえるでしょう。そこで公害を止めなければいけない，食べ物の安全を守らなければいけないのですが，企業を規制するために国あるいは県の行政が動かなかったということも含めて，被害が拡大してしまいました。そういう意味で，企業責任

107

第3部　環境問題への実践的アプローチ

を問う，あるいは行政の責任を問う裁判が各地で起きました。

　公害問題は終わったようでも，実は終わっていません。水俣病は終わっていないという認識を持つ必要があります。水俣病は，たいへん重要な問題であり，やはり日本の公害の原点といえるものなのです。

「水俣」の地名がついた条約

　こうした水俣病の経験を，全国や全世界の公害対策に活かさなければいけないということが問題になって，UNEP（国連環境計画）のもとで検討が進められ，このほど水銀条約ができました。この条約は，「水銀に関する水俣条約」という，日本の地名がついた条約になりました。

　この条約は最終的な外交会議を熊本で開催し，2013年10月に採択されました。その後，世界各国で批准の作業が順番に進んできました。条約の発効には50か国が批准しなければならないのですが，この要件を上回り，2017年8月に発効することになりました。

　条約ができて，日本のなかでどうするのかということが問題になりますので，国内対策として必要な法律をつくらなければなりません。「水銀による環境汚染防止法」という法律が2015年6月の国会で通過しました。それから，「大気汚染防止法」の改正法も国会で通りました。引き続き関係する政省令，ガイドラインなどが準備されています。

　条約の内容を日本の問題に引きつけると，日本ではいま，水銀を掘ることはしていません。しかし国際的には，水銀を掘ることから規制を始めなければなりません。それから，水銀を使った製品をつくることも規制の対象になります。また，チッソのように，水銀を触媒などで使う工業プロセスも見られます。そういうところで，水銀をなるべく使わないようにするという方向が出てきます。このあたりも，日本では直接関係の薄いものです。

　世界中で，どこで水銀が問題になっているのかといえば，一番大きいのは発展途上国の小規模金採掘現場の問題です。発展途上国では，金をとるために水銀を使っています。アマルガム状にした金を取り出してきて，それをバーナーであぶると水銀が飛んで金だけが残るという金の精製方法がとられています。これはもろに環境に水銀を飛ばしていますから，現場労働者は呼吸でそれを吸

い込みます。それから，川に流れ出します。ですから，アマゾンの奥地などで水俣病と同じ症状の患者さんが大量に出てくるという状況が起こってくるのです。金の採掘現場で，水銀を使うのを禁止するということが条約では重要な項目になっています。

それから石炭火力発電です。石炭のなかには水銀が混じっています。これを燃やすときに水銀が飛んでしまいます。アジアにおける水銀汚染という場合には，この石炭火力発電の問題はすごく重要な要素になります。

日本ではどこが問題かといいますと，セメント製造施設，鉄鋼製造施設，廃棄物焼却施設，このあたりが問題になってきます。日本においては，そういうところで大気中に水銀が出ることを抑えるために，基準をつくって規制をしていくことになります。

水銀使用製品の適正処理が国内対策の焦点に

日本では，何といってもいままで使ったすべての水銀を確実に回収する，すなわち水銀使用製品の確実な回収と適正処理を行うことが課題になってきます。そこで，私たちの活動が絡んできます。

日本の水銀消費量の約4割が蛍光灯で使われていますので，蛍光灯の適正な処理が必要になってきます。家庭から排出される蛍光灯は一般廃棄物として市町村の手によって回収され，適正処理されねばなりません。そのためのガイドラインも示されました。これから市町村の取り組みが必要になります。事業所から排出されるものは産業廃棄物として排出事業者の責任で適正処理されることが求められます。

当面，国内での取り組みとして重要なのが，いままで家のなかに眠らせていた水銀体温計や水銀血圧計を大掃除してしまうことです。それらは，学校や保健所，病院にもあります。そういうものを，大掃除するというのが，ここ2〜3年の課題です。私たちもそういったことをきちんとやりとげていくためのキャンペーンについて地球環境基金から助成金をいただき，それを使ってセミナーやシンポジウムをやってきました。それから，回収実験をやったり，ビデオの制作に取り組んできたのです。

今日，みなさんに覚えていただきたいのは，蛍光灯のなかには水銀が入って

第3部　環境問題への実践的アプローチ

いるということです。業界のお話では，照明器具の生産の中心は次第に LED に変わっていきます。では，その LED は大丈夫なのかという問題があるのですが，少なくとも水銀は入っていません。しかし，LED のリサイクルシステムを，これから5年後，10年後につくっていなければならないので，その準備もやらないといけません。けれども，いまの段階ではとにかく，これからまだ10年以上蛍光灯はありますから，この回収を確実にやっていくことが課題なのです。それと同時に数年のうちに水銀体温計・水銀血圧計を集めきることが課題です。家に帰って水銀体温計・水銀血圧計があったという人がいたら，使えるけれども，適切に処理したほうがいいんだよと，話しあってほしいなと思います。

　みなさんにとって水銀というのはなじみがないものでしょうが，これを機会に身近なものにしてもらい，また，水俣病という経験を日本はしているのだということについても，これを機会に勉強をしてもらえたら嬉しく思います。

　水俣病を経験した国だからこそ，日本は水銀問題についてリーダーシップを発揮すべきだと思うのです。

第8章　枯れ葉剤被害から環境を考える

坂田　雅子

🖋 環境に関するプロフィール

① 私が環境問題にかかわるようになったのは，アメリカ人の夫，グレッグ・デービスを若くして枯れ葉剤の影響と思われる病気で亡くしたからです。彼は1960年代後半，ベトナム戦争時にアメリカがベトナムで大量に散布した枯葉剤を浴びていました。彼の突然の死が私をベトナムの地へ向かわせ，枯れ葉剤の実態と向き合うことになりました。

② それまで，社会問題や環境問題にあまり関心を持っていなかったのですが，ベトナムで見たことを映画にし，枯れ葉剤の被害が50年たったいまも続いていることをこの目で見て，それ以外の環境問題，社会問題にも目を開けられました。

③ 環境問題の母といわれるカーソンが60年代初頭から化学薬品や放射能について警告していたことを知りました。『沈黙の春』が1960年代初頭にベストセラーになったあと，アメリカではある種の農薬が禁止されました。しかし，ベトナムではそれを補うかのようにそれらの農薬の製造会社，ダウ・ケミカルやモンサントが製造した枯れ葉剤が大量に撒かれ始めたのです。このことが明らかになった頃にはカーソンはもう亡くなっていましたが，生きていたらどう思っただろうと，折にふれ，思います。

ベトナム戦争と枯葉剤

「戦争が終わって，僕らは生まれた，戦争を知らずに僕らは育った……」という歌が私の20代の頃，流行りました（「戦争を知らない子供たち」）。

戦争はもちろん戦後の貧しい時代もあまり知らず，頑張って競争に勝てば明るい豊かな未来が開けている，と漠然と信じていた世代でした。子ども時代は豊かとはいえなかったものの，貧乏も苦にならず，のほほんと育ってきました。大学生になった頃，それは1960年代の終わりから70年代初めにかけてでしたが，学生運動が盛んになり，さまざまな体制批判のうち，反ベトナム戦争も大きなうねりのひとつでした。ただ，私自身は当時こういったうねりにかかわる

第3部　環境問題への実践的アプローチ

ことをしませんでした。

　いまになって思えばなんと無知だったのだろうと思います。自分の狭い世界に閉じこもっていて，政治的なこと，国際社会の動きに目を向けることができなかったのです。そしてベビーブーマーの私たちは消費社会が進める競争の原理にのっとり，より豊かな生活をめざして邁進してきました。時は日本が原発を推進してきた頃と重なります。

　過去を振り返ることもなく，学校の歴史教育も現代にさしかかる頃には，受験時期と重なり，明治以降の日本が軍国主義国となり戦争に突入していった事情はほとんど触れることもありませんでした。30代，40代の働き盛りをバブルの真っ只中で競争に勝ち，現在を享楽することのみを重視して駆け抜けてきました。

　ところがいまになってしきりと，私たちは決して戦争を知らずに育ったのではなく，戦争を起こしたものそのものに決着をつけず，ずるずると引きずりながら今日まできてしまったのではないかと思うのです。戦争を起こしたものに囲まれ続けながら，それに気がつかずに。

　「戦争」が私の身近に迫ってきたのは，ベトナム帰還兵であった夫のグレッグの死を通してでした。私たちは1970年，まさにこの歌が流行る前年に京都で出会いました。それまで戦争のことなど考えることもなかった私に，グレッグはベトナム戦争を現実のこととして突きつけてきました。それは具体的な反戦の言葉ではなかったけれど，3年間のベトナムでの戦争経験は，18歳の若者に権威あるもの，体制的なものへの疑問を抱かせ，批判と反抗は彼の体中にしみ込んでいたのです。

　そんな彼が54歳という若さで，ベトナム時代に浴びた枯葉剤が原因と思われる病気で亡くなったあと，私は枯葉剤についてのドキュメンタリー映画をつくるようになりました。その経験は，私にいかに戦争は終わらないものであるかを知らしめました。そして今日まで映画づくりを通して，自分が知り得たことをみなさんと分かちあい，発信していくようになりました。

私が映画をつくるようになったわけ

　33年間連れ添った夫のグレッグをなくしてから10年近くになります。私たち

第8章　枯れ葉剤被害から環境を考える

が出会ったのは，1970年の京都でした。学生運動が盛んな頃で，私たちは何か変化を求めていました。私は大学生で，グレッグはベトナムでの3年間の兵役を終えて日本に来たばかりでした。兵役後帰国した彼に，祖国は冷たかった。傷つき失望した彼は，いたたまれず祖国を離れ，以前に旅行し，気に入っていた京都に来たのです。

　ベトナムは，第二次世界大戦中は日本が侵攻していました。終戦で日本が引き上げると，フランスが乗り込んできて植民地支配を始めました。ベトナムの民族独立をめざす勢力が1954年にフランスに勝つと，共産主義勢力が伸びることを心配したアメリカがベトナムへの介入を始めたのです。

　当時ベトナムは民族解放をめざす北とアメリカが支持する南の政権に分かれていました。アメリカは1965年から本格的な軍事介入を始めましたが，ジャングルを拠点とした解放軍の抵抗に苦戦を強いられていました。そこで生い茂るジャングルの葉を枯らし，ゲリラの隠れ場所をなくすため枯れ葉剤の散布を始めたのです。戦争のエスカレーションにともない，枯葉剤の散布も激増，南ベトナムの多くが不毛の地と化しました。エージェント・オレンジと呼ばれる枯葉剤は，アメリカ国内で使われていた農薬と同じものからつくられていましたが，25倍も強力でした。

　枯葉剤には猛毒のダイオキシンが含まれていました。ダイオキシンは数十年から数百年，環境にとどまり，さまざまな健康障害を引き起こします。環境ホルモンであるダイオキシンの動物実験では流産や奇形出産が認められており，300万人のベトナム人が枯葉剤の影響を受け，その被害は2世代，3世代まで続いています。ダイオキシンはベトナムの土に残り，傷ついた自然はいまだに回復していません。

　その枯れ葉剤は私の夫をも蝕んでいました。彼は枯れ葉剤の影響と思われる肝臓がんで亡くなり，私はその喪失感から何とか立ち直ろう，枯れ葉剤についてもっと知ろうという思いから映画をつくることになりました。それまであまり政治的ではなかった私ですが，夫を亡くしてから枯れ葉剤についていろいろ調べ，その被害がいまも続いていること，ベトナムでは何百万という人がいまだに健康上の問題を持っていることを知り，それ以前だったら人ごとのようにしか受け止めなかったであろうこの問題が，遠い国で起こった過去のことでは

113

第3部　環境問題への実践的アプローチ

なく，いまの私たちの生活とも密接につながっているのだということに目を開けられたのです。

　映画をつくり始めたときは，自分の生活が空虚になったなかで，何かやりがいのあることを探さなくてはと思いました。彼は枯れ葉剤が原因で死んだのではないかと聞いたときに，30年以上も経過してそんなことがありうるのだろうかと疑いました。その頃，枯れ葉剤のことはメディアではほとんど取り上げられていなかったのです。

　グレッグの病気が枯れ葉剤のせいだと告げたのはカメラマンの友人，フィリップでした。フィリップはその頃，自分自身が長年取材してきた枯れ葉剤被害を写真集にまとめている最中だったのですが，ベトナムではいまだに被害が続いていることを教えてくれました。それなら，被害の様子を見ることによって，グレッグの死因が枯れ葉剤だったのかどうか，ある程度，確信が得られるのではないかと思いました。

　アメリカはベトナム戦争に280万人の兵士を投入し，5万人が死にました。常時50万人ほどが駐留し，グレッグは戦争最盛期の1967〜70年までいました。その間に数十万から100万人以上がベトナムに行っていたのですが，それだったらアメリカにも同じような経験をしている人たちがたくさんいるのではないかと思って，それについても調べようと思いました。でも，映画をつくったことがないし，どこから始めたらいいのか皆目検討がつきませんでした。

　ドキュメンタリー映画を撮りたいという気持ちは，若い頃からどこか心の底流にあったのだろうと思います。大学で文化人類学を専攻したのは，日本のなかで一定の価値観にがんじがらめになっているところから抜け出すためです。他の文化に接し，それを鏡として自分を取り巻く価値観を見直したいという思いからでした。歳になって退職したらグレッグとカメラとペンを持って南太平洋の島々に行こうとよく話したものでした。それは実現しませんでしたが，一人になってしまったからといって，その夢をあきらめるわけにはいきません。

　そんなとき，グレッグの遺灰を撒きにいったアメリカ，メイン州の小さな町，ロックポートでドキュメンタリー映画をつくるワークショップに出会ったのは，偶然だったのか，必然だったのか。2週間のコースでまったくの初心者だった私はビデオカメラの基本的な扱いを覚え，コンピューターで映画を編集

第8章　枯れ葉剤被害から環境を考える

できることを知りました。ああ，映画ってこんなふうにしてできるのだなと大きな感慨を覚えました。これがグレッグ亡き後の私の人生の出発点になるとは思いませんでした。

カメラを抱えてベトナムへ

　初めてベトナムを訪れ被害者に会った頃は，とにかく空虚で悲しい気持ちでした。貧困と苦悩のなかに生きる多くの枯れ葉剤被害者とその家族に出会いました。カメラの扱いもままならぬ私には，レンズの前で起こる出来事を追っていくのが精一杯でした。そんななかで，私が抱えている悲しみや困難より，もっと辛い生活に瀕している人たちが家族で支えあって生きているのを見ました。

　悲しいのは私だけじゃない——本当に貧しい田舎で，家族をとても労いながら生活をしている人たちに出会い，悲惨さというよりも，温かさとか，健気に生きているところに心打たれました。そして私の悲しい心は癒されていったのです。

　『花はどこへいった』というタイトルの映画は，まったくの素人だった私の第1作目で，未熟だという批評もありましたが，いくつかの映画賞も受賞し，私が期待していた以上に多くの方に観ていただくことができました。『花はどこへいった』は台本があって「こういうものをつくろう」という考えで始めたものではなく，夫を亡くした悲しみから，やむにやまれぬ気持ちで手探りで進んでいくうちに，周りから多くの救いの手が差し伸べられてできました。

　ベトナムで枯葉剤の被害者を撮影しているときは，カメラを通して被写体の世界に吸い込まれるようでした。カメラの向こう側にある貧困と苦悩のなかに家族の愛を見出し，何かあたたかいものが私のなかにも流れ込んでくるのを感じました。この映画はグレッグが背中を押してくれ，ベトナムの人々が彼らの物語を語ってくれてできたのです。私はそこにいてカメラを回しただけでした。「映画をつくる前といまでは，何が変わりましたか」と，よく聞かれます。悲しみを乗り越えようとしてつくった映画でしたが，悲しみは乗り越えるものではなくそれと共に生きることだということを学びました。

　この映画ができて，10年以上が経ちました。振り返ってみると，この映画は

第3部　環境問題への実践的アプローチ

夫の命と引き換えにでき，これによって私は多くのことを学びましたし，多くの人と出会いました。夫は自らの死によって私の行くべき道を示してくれたのだと思います。なかでも大切なことは人とつながろうという気持ちが生まれたことです。このことは，自分の世界に閉じこもりがちだった私には大きな意味を持っています。

つながりの大切さに気づいた

　枯葉剤の被害者に会ったり，その事実を調べていくうちに，遠い過去，遠い国で起こったことも私たちの日々の生活と密接に結びついているということ，夫の死という個人的な悲しみも連綿と続く歴史の流れのなかにあり，私一人の悲劇なのではないということに目を開けられ，そこから新たな一歩を踏み出すことができたように感じます。

　映画を通じて多くの新しい出会いがありました。私のつたないメッセージを受け止めて，それぞれのなかでそれをより膨らませてくださる多くの方々と出会い，私たちはみなつながっているのだという思いを新たにするとともに，メッセージを発信することの責任も感じています。責任を感じるということは，また生きがいにもつながります。

　この映画をつくったのは個人的な動機からでしたが，製作を通じて悲しみは私一人のものではなく，みなに共通するものだということに気づき，世の中の不正義の多くが根を同じくしているということに気づきました。以前はそれほど真剣に考えなかった環境問題，世界各地で起きている紛争が，決して日々の私たちの生活と無関係ではないこと，そしてその他の資本や政治の力に無理強いされて生まれ出ている多くの犠牲と矛盾が見えてきました。根が見えてくるとそこから派生しているものに惑わされにくくなります。

つながりによって平和への願いの大切さに気づく

　平和に対するまなざしを養ったのは，映画が完成し，日本各地で上映会と講演会を重ねていた頃でした。上映会を主催してくださるのは平和団体や市民団体が多く，いくつかの高校でもお話ししました。そういう方々とお話しするには，自分でももっと知らないといけないし，そういう方々からの問いかけにど

第8章　枯れ葉剤被害から環境を考える

う答えていったらよいか考えるようになりました。そんななかで，「なんで戦争が起きるのか」「どうしてこんなことになったのか」ということを積み重ねて考えるようになったのです。夫が生きている間は，私は体制的なもの，権威的なものに疑問を持っていましたが，政治的ではありませんでした。夫はラジカルで反戦的で，権力に対して批判的で，私はその聞き役で，あまり自分で政治的な意見を持つことはありませんでした。彼がいなくなって，自分で判断しなくてはいけない。それもあって自分で考え始めたのでしょう。

　彼がそういうふうに批判的で反体制的だったのは，ベトナムでの戦争経験が大きいと思います。戦争のことは自分からはあまり話しませんでした。彼の死後，何年も経って1991年に『マルコポーロ』という雑誌に掲載された彼の手記を読んで，私は初めて彼がいかに戦争によって傷ついていたのかに気づきました。18歳の少年にベトナムという戦場がどのように映ったのか，彼の言葉で語ります。

　　サイゴンの土を踏んで間もなく僕は19歳の誕生日を迎えた。ロスアンゼルスの保守的な高校を卒業したばかりの少年にとってサイゴンは喧噪に満ちた魅力的な町だった。戦争のにおいに興奮し，街行く女の子が皆きれいに見えたものだ。しかし，なにがどうなっているのか，少しも把握できなかった。

　　ベトナムへ向かう前，軍の指揮官が言った。「お前達の3人に1人は1年以内に死ぬか負傷する。まわりの仲間の顔をじっくり見ておくがいい。そしてお前達はアメリカの民主主義と自由を守るために戦うのだということを胆に銘じておけ。」

　　初めて飲むことを覚えた。初めて女を知った。生まれて初めて打ちのめされた気持ちになった。機関銃で狙われたのも，人を殺したのも。なにもかも初めての経験だった。僕たちはベトナムの共産主義者たち，そしてその家族を殺すことで自由を守るのだと教えられた。ティーンエージャーだった僕らは急速に大人になり，先生やリーダーと呼ばれる人々は信用できないと言うことをベトナムで行われていた殺戮の中で学んだ。僕たちの多くはアメリカとアメリカが象徴するもの——政府のプロパガンダや戦争がらみの利益を求める企業——に反抗するようになった。

　彼はその反抗の手段をフォトジャーナリズムに求め，写真を通じて社会のあり方を問うてきました。そして彼は，戦争中に浴びた枯葉剤の影響と思われる病気で，54歳という若さで逝ってしまいました。それは兵役を終えて33年も

117

第3部　環境問題への実践的アプローチ

経ってからのことでした。あの指揮官がいったように，ベトナムへ行ったアメリカ兵の3人に1人は死んでしまいました。生きていても肉体的，精神的な傷をいまだに負っている人が多く，戦争はいつまでも終わりません。

彼は「戦争の経験というのは経験していない人にはわからない」と，よくいっていました。仲間のカメラマンでもいわゆる戦場カメラマンには批判的でした。彼らは戦争を経験していないのに，戦争に行けばアドレナリンが出てくるから駆けつける。でも本当に大事なのは，なぜその戦争が起きたのか，戦争が終わってから何が起きているのかを見ることが大切だといつもいっていました。戦争にすぐはせ参じるカメラマンを批判していたのです。

これはいまの新聞やテレビの大きなメディアにも通じることです。何かセンセーショナルな出来事があれば，ワーと一斉に騒ぎますが，その理由や結末を地道に探ることなく，すぐに忘れてしまいます。夫の聞き手で，彼のいうことをずっと吸収してきたことが，いま，私がドキュメンタリー映画という手段で表現することにつながっていると思います。

戦争と企業，軍産複合体

私たちはなぜ戦争をするのでしょう。人間の本性なのでしょうか？　2つの世界大戦，ベトナム戦争，イラク，アフガニスタンの戦い，その他，数知れない紛争が世界各地で起こっています。その根にあるものは何なのでしょう？

それは簡単にいえば，自分さえよければ……という私たちみなが持っている考えだと思うのです。戦争にはいろいろな理由づけがあります。それらの理由を見ていくと，結局は自分さえよければ，目先の利益さえ得られればという動機に収束していくと思うのです。日本の戦争もそうでした。朝鮮戦争も，ベトナム戦争も，イラク，アフガニスタンもそうです。

ベトナムで撒かれた枯れ葉剤をつくったダウ・ケミカル社やモンサント社はこれによって莫大な利益を得ました。これらの企業は枯葉剤に猛毒のダイオキシンが含まれていることを知っていました。それでも，ベトナムの人々の上にこれらの毒物を撒き続けたのです。人間より，まず，利益が大事というわけです。この構図は福島原発の事故にも当てはまります。

日本にいたら戦争なんて人ごとのようです。少なくとも，これまではそうで

118

第 8 章　枯れ葉剤被害から環境を考える

した。原爆や戦争を実際に体験している世代がだんだんいなくなってきて，戦争の記憶はどんどん薄れていきます。戦争なんて私たちとは関係ない，遠い世界の出来事だと思いがちです。でも，たとえば，原発，あれは戦争とすごく関係していると，事実を知れば知るほど，私はそう思います。第 2 次大戦中に原爆ができて，化学剤も戦争中に大進歩しました。戦争中にできた技術を平和になってどうすればよいのか，と企業は儲け続けることを考えました。それが平和利用です。原子力発電であり，化学薬品の農薬への転用であり，そういう結果が原発事故になっていますし，いろいろな公害になっています。だから日本は戦争が70年もないけれど，平和なのかというと決してそうじゃないと思います。ですから，そういうことを見ていく目を養っていかなくてはいけないのです。アイゼンハワー元大統領の原子力平和利用宣言後，日本では原水爆禁止への声が大きくなってきたにもかかわらず，原発が推進されてきたのは，原子力発電の名のもとに核兵器としての原子力の開発研究を進めるためです。

　戦争の結果が私たちの生活に影響を与えると同時に，私たちが日々の生活のなかで，いまやっているいろいろなことが，次の戦争につながっていっているかもしれないのです。原発を再稼動し推進すれば，そこにつながっていきます。プルトニウムも増えます。日本は核兵器を持たないといっていますが，いつだって転用できる状況にはあります。原発と戦争のリンクというのは，いままでも平和利用と思い込まされていますから，直接にはつながりませんが，可能性としてはいつも考えていなくてはいけません。ドイツの脱原発は核兵器への野心がないから可能でした。国家とは戦争をしたがる存在だと思います。特にアメリカのような国では。日本の場合は，いままではあまり表面には出てきませんでしたが，経済とつながっています。武器輸出解禁のいまはことに，そして安全保障関連法が成立したいまは，すぐに戦争を始めるアメリカと命運を共にすることになります。

　9・11 後のアフガニスタン侵攻時に驚いたのは，そのすぐ後に「ロッキード・マーティン社が次期戦闘機の契約をとった」と偉い人たちがシャンペンでお祝いしている姿をテレビで見たときでした。この人たちはどういう神経の持ち主なのだろうと思いました。同じ頃，アフガニスタンの砂漠では，戦火の下を逃げ惑う子どもたちの哀れな姿が何度も TV に映し出されていました。

119

第3部　環境問題への実践的アプローチ

　アイゼンハワーが1961年の退任演説で軍産複合体に対して気をつけなければいけないといっていましたが，それがその後の世界を動かす大きな要因になったと思います。オバマ前大統領も核兵器をなくすといいながら，「兵器産業がこれだけあれば，これだけの雇用が確保される」みたいな考えはいつもあるわけです。戦闘機を1つつくれば，これだけの人が雇用される，というように。だからといって，戦闘機をつくっていいのかという問題があります。原発だってそうです。雇用がなくなるから原発をつくる。考えてみると，雇用される人や地元にとってみれば，生活の糧がなくなってみじめな生活をするよりは，原発に頼って交付金をもらい，いつ起こるか起こらないかわからない危険性にはとりあえず目をつぶって，日々楽しく過ごしたほうがよいという気持ちもわからないではありません。

　でもそこで，目先のことばかり考えず，想像力を働かせることが必要です。想像力を働かせるにはやはり知ることが大切です。いろいろな情報をテレビや新聞だけに頼らずに集め，自分なりの判断をすることが大切です。大飯原発の再稼働の様子を見ていると，政府も賛成している人たちも目先の経済がどうなるのかだけを考えていて，もっと大きな，地球，自然，人類のあり方まで考えを及ぼそうとはしていません。

見え難いものを目を凝らして見る努力

　企業や政治は利益追求の動機をさまざまな嘘によって，美談に変えます。いわく弱きを助けるため，いわくドミノ現象（将棋倒しのように共産主義化が広がること）を防ぐ，いわく民主主義のため，そして今回の原発では地球温暖化を防ぐため，経済発展のため，より幸せな生活のため（ところで幸せってなんでしょう），より明るい未来のため，などです。

　グレッグはよくこういっていました。「より多くのことを見ることによって，より多く知ることができる。より多く知ることによって，私たちを取り巻く世界を変えることができる」と。グレッグは，「写真は，世界を見る窓だ」ともよくいっていましたが，この映画もそうであってほしいです。この日本という居心地のいい平和な箱庭のようなところにいて，世界で起こっているいろいろな悲惨なことを知らなければ知らないで済みます。あるいは，放射能の被害が

少ない関西で，福島のことを……。でも，すべてがつながっているのです。私たちの平和な生活は，いろいろな犠牲の上に立っています。ですから，ドキュメンタリー映画にしても，ジャーナリスティックな写真にしても，日本の狭い世界以外に窓を開く，そのきっかけになればと思います。

　彼が亡くなってから私は彼の言葉にもあったように，より多くのものを，先入観にとらわれず見る努力をしてきました。それと同時に自分のなかに閉じこもらず，外に手を差し伸べ，こちらに差し伸べられている手があれば，できるかぎり答えるように努力してきました。それによって多くの人が私を支えてくれている。それのみならず，私たちはみな支えあって生きている生命の網の目なのだということに気づきました。

私の映画作りは続く

　『花はどこへいった』ができあがって，私のなかでは何かひとつの区切りがついたように思い，さあ，これからは何か他のことをしようと考えたのですが，上映や講演を続けるうちに，再三ベトナムの被害者を訪問する機会がありました。そして，まだ，物語は終わっていないということに気づいたのです。私は枯れ葉剤の問題をもっと広い脈絡で捉える必要を感じました。自分の身近から出た，等身大の問題だったのですが，それをより歴史的な視点，政治的な視点から捉えることによって，1作目で捉えることのできなかったより広範囲の観客に訴えるものをつくりたかったのです。

　そのうち，ベトナム帰還兵の子どものなかにも障害を抱え苦しんでいる人々が多くいることを知りました。彼らの多くは，私とグレッグに子どもがいたら同じくらいの年代です。彼らの父親はすでに亡くなっていたり，重い病気やPTSDにいまも苦しめられています。アメリカは広く，被害者たちは全国に散らばっています。入念に無駄のないように旅程を組んで，私はロスアンゼルスに住むカメラマンのビルと取材旅行に出ました。2010年6月のことです。1週間でメイン，オハイオ，フロリダ，テキサス，カリフォルニアをカバーし，5人の被害者と会いました。

　会ったこともなく，どういう生活をしている人たちなのかの知識もなく，ただ共通しているのは枯れ葉剤によって人生を大きく変えられたということでし

た。それぞれの人にほぼ1日インタビューしました。みな，それまでせき止められていた思いが一度に噴出したかのように，ここ30年から40年，枯葉剤と出会ってからの話をしてくれました。それぞれの話に圧倒されました。この映画は彼女たちの思いによって魂を与えられました。枯れ葉剤の被害は国境を越えて，時代を越えて，いまも続いています。

50年後の世界を見据えて

2011年3月11日のあの日，私は東京の中野の編集室で，ベトナムの枯れ葉剤の被害を描いた映画『沈黙の春を生きて』の最終編集をしていました。カーソンが50年前に警告していた化学薬品などによる環境破壊がいまも続いていること，何とかしなければ，私たちは将来にどんな世界を残すことになるのかというメッセージを，枯れ葉剤の被害者を通して伝えたいと思っていたのです。ところが，その厄災は50年を待つことなく，福島の原発事故というかたちで，私たちの目前に立ちはだかることになりました。

地震と津波の無惨な被害の全容が次々と明らかになり，福島第一原子力発電所が爆発し，放射能が広がるなかで，私は多くの日本人がそうであったように，ただはらはら，おろおろと事態を見守っていました。そんななかで，私は何らかのかたちで福島の災害を映像化することを考えるようになったのです。これほどの，未曾有の大災害を前に，私にできることはなんだろうと考え，結局は1970年代から長野で反原発運動をしていた私の母の物語を福島とダブらせて語ろうと思いました。そうしてできたのが，2015年公開された『わたしの，終わらない旅』です。

おわりに

冒頭で「戦争が終わって，僕らは生まれた，戦争を知らずに僕らは育った……」という歌を紹介しましたが，いまになってしきりと，私たちは決して戦争を知らずに育ったのではなく，戦争を起こしたものそのものに決着をつけず，目をつぶって，ずるずると引きずりながら今日まで来てしまったのではないかと思うのです。戦争を起こしたものに囲まれ続けながら，それに気がつかずに。

第 8 章　枯れ葉剤被害から環境を考える

　私が生まれた1948年はまさに米ソの核開発競争の真っ只中でした。アメリカは日本に２つの原爆を落とした後，1946年から南太平洋のビキニ環礁で大規模な核実験のシリーズを始めました。遅れをとらじとばかりに焦ったソ連は1949年に初の核実験に成功します。世界的規模では，とても「戦争が終わった」などという状態ではなかったのです。そんなことにも気づかず，私はのほほんと歳を重ねてきました。ところがいま，70年以上つづいた平和憲法を変え，日本を再び戦争できる国にしようという機運が急速に高まっています。声高に叫んでいる人たちのなかには若いときに「戦争を知らない子供たち」を口ずさんだ人たちもいるでしょう。「戦争は知らない」「関係ない」といっているうちに，どこか地底では魑魅魍魎が蠢いていて，いままさに，もぞもぞと地上に這い上がろうとしています。

　茶の間についていた裸電球が蛍光灯に変わり，巷に流れる「みんな，家中，電気で動く」の CM ソングにつれられ日本の夜がどんどん明るくなってきました。美しかった海岸線はテトラポットで覆われ，あちこちに原発が林立しました。子どもの頃，８時間かかった長野－東京間は新幹線で１時間20分になりました。物が溢れ，私たちが消費にうつつを抜かしている間に，何か大事なものをなくしてしまった気がしてなりません。

　私たちが生きてきた時代を振り返ると，それは科学や技術が驚異的に邁進した時代です。それが人類にもたらしたものは私たちがつい最近も経験したように，よいものだけではありません。そしてそのスピードはいまも加速度的に上昇し続けます。このまま進んでいったら人類はどこへ行くのでしょう。将来は必ずしも明るくはないと思います。

　いまこそ，立ち止まって，私たちが来た道をもう一度振り返り，「進歩と発展」の名のもとに失ってしまったものを見出さなければならないと思います。「もう遅い」「だからもう何もできない」というのではなく，いま，見据えて，行動しなければ，30年後，50年後の世界がどうなってしまうかわかりません。言い換えれば，いま，私たちが選ぶことが，将来を決めるのです。

　私は最新作の『わたしの，終わらない旅』で，世界各地で核の被害に翻弄される人たちに出会いました。マーシャルの人たちがいまだに苦しんでいる姿は，原発によって生活を奪われた福島の人たちの姿と重なります。世間は福島

第 3 部　環境問題への実践的アプローチ

を忘れてしまったかのようです。でもふるさとを失った十数万の人々の心はいまも悲しみに押しつぶされたままです。

　私たちは60年前に戻ってやり直すことはできません。せめて，再び後悔することのないよう「原発はやめる」という決意をいますぐしなくてはなりません。1954年第 5 福竜丸が死の灰を浴びて帰ってきたとき，日本の反原水爆の運動はたいへんな盛り上がりを見せました。杉並区の主婦たちが始めた署名運動には実に日本人の 3 人に 1 人，3000万人以上が署名したそうです。その熱気を取り戻そうではありませんか。一人ひとりの力は小さくて，何もできないと思ってしまいがちです。でも，いまこそ，その小さな力も集まれば世の中を変えることができることを証明するときです。

　原発再稼働のもくろみのなかで，政府はまさに市民をその不可解なロジックに巻き込もうとしています。鼻先に経済発展という餌を吊るしているのです。そして，市民，周辺自治体の人たちが巻き込まれていく様子が手に取るように見えます。巻き込む側の嘘やまやかしにだまされることなく，私たちは巻き込まれず，いや，巻き返していかなければなりません。いまこそそのときが来たのだと思います。

　デモのみならず，小さな上映会，トークセッション，講演会，いろいろなところで人々が連帯していくこと，それがまず私たちにできることではないでしょうか。2015年の安保関連法反対のデモで，民意は受け入れられなかったものの，これだけ強力に表現されました。しかも多くの若者が参加したというのも，未来への希望です。一人ひとりは微力かもしれませんが，その草の根の努力が，ある日世界の流れを変えることができるということを信じたいと思います。そして遠くない将来，再び，日本が，人類のあるべき姿について世界に発信できる国になることを願っています。「ヒロシマ・ナガサキ・フクシマ」を原点に命のあるべき姿を世界に問うとき，日本は私たちにしかできない役割を担うことができるのではないでしょうか。

　戦争，貧困，気候変動，自然災害，原発と私たちの周りには問題が山積しています。そのなかで一人ひとりがどう生きていくのかが，いままでになく問われていると思います。日本が変わっていくのには時間がかかるかもしれません。それでも，あきらめずに抗い続けなくてはなりません。

第 8 章　枯れ葉剤被害から環境を考える

　お仕着せでない，自分たちでつくる自分たちの民主主義を築いていく第一歩
は始まったばかりです。いま現実は原発再稼働，原発輸出，武器輸出，集団的
自衛権，と人間の生きる権利に反することが大きな塊となって坂を転げ落ちて
いきます。その塊はブルドーザーのように私たちを押しつぶしていくのです。

　映画をつくることが，歯止めにはならないかもしれませんが，それでも私は
旅を続け，発信し続けようと思います。

第9章　身近な食生活と環境とのつながり

鈴木千亜紀

✐ 環境に関するプロフィール

① 栄養学について学んでいた大学3年のとき，『未来の食卓』という映画と出会い，自分自身が食に関する専門家をめざしているなかで，食の生産段階について何も知識がないことに気づきました。そこから，さまざまな先生や文献と出会い，知識を深めていくなかで，食を生産する環境の重要性について考えるようになり，将来も食の大切さを伝えていくうえで，その場の食事だけでなく，その背景まで考えて進めていきたいと感じるようになりました。

② 自分自身がそうであったように，一見離れているように見える食と環境とのつながりが，実はとても身近なものであるということを，自身の体験を交えて伝えられるよう意識し，講義を行いました。

③ カーソンに触れ，自然や環境に配慮する大切さについて，科学的な考え方だけでなく，身近な事柄や感覚的なところからも伝えることができることがわかったと同時に，人々の心を打つ，重要な伝え方であるということを学びました。

考えるきっかけとなった「未来の食卓」

　私は管理栄養士をめざしていた大学3年生のとき，『未来の食卓』（ジャン＝ポール・ジョー監督，2010年）という1つの映画に出会いました。これは，フランスにある小さな村の学校給食で使用する食材を，大量生産されたものから地元でつくられた食材に変えることで，給食を食べる子どもたちだけでなく，その家族や村全体の意識が変わっていくというドキュメンタリーです。私はこの映画を見たとき，2つのことに気がつきました。1つは，食にかかわる専門家をめざしているにもかかわらず，食の生産段階についての知識がまったくなく，管理栄養士をめざす段階の，大学の授業でも，農業など，生産について学ぶ機会がほとんどないということです。2つ目は，毎日の食事で何を考えて，どう選択していくのかが，自分の身体だけでなくその食物の生産者の環境にも

大きく影響を及ぼしていて，一個人の選択であっても，毎日続ければ少しずつ積もって大きな動きになるということでした。

そこで，あらためて今の日本の食の現状を調べてみると，生産，消費，食に関する知識，食品廃棄など，さまざまな問題があることがわかりました。

日本の食の課題

まず，食品生産の現状における1つ目のキーワードは「オーガニック」です。映画『未来の食卓』には，「オーガニック」という言葉が出てきます。「オーガニック」は日本語では「有機農業」であり，法律上は，「化学的に合成された肥料および農薬を使用しないこと，ならびに遺伝子組み換え技術を利用しないことを基本として，農業生産に由来する環境への負荷をできるかぎり低減した農業生産の方法を用いて行われる農業」と定義されています（農林水産省2006）。ちなみに今，大部分の野菜の生産を担っている一般的な農業は慣行農業というもので，有機農業とは異なるものです。慣行農業は，畑で野菜を育てるときに土のなかに栄養分がほとんどない状態からスタートするので，まず栄養分を与えるために化学肥料を与えます。そこから野菜を育てていくなかで，いろいろな生物から野菜を守るために除草剤を撒いたり，農薬を散布したりして，均一で綺麗な野菜が多くできあがります。効率的で，大量生産ができる農業だといえます。

一方で有機農業は，慣行農業と違って，土自体の栄養を豊富にするために化学的なものを使わず，野菜を収穫した後に出てくる残渣（ざんさ）や，食品の廃棄などを肥料として使います。基本的に農薬も撒かないので，動物や虫などがたくさん寄ってきます。できあがった野菜は人間の食べ物となり，その食べ残しがたい肥となり，また土に還り，土の栄養として使われていく……という循環が生まれるのが有機農業です。

また，有機農業は一般的な農業と収穫量の違いがあります。有機農業だと，虫食いがあったりして，収穫量が落ちてしまいます。また，雑草を抜くなどの手間がかかるので，価格も一般のものより3割増しくらいになります。

2010（平成22）年度の指標では，日本の農業全体に占める有機農業の割合は，農家数でいうと全体の0.5％です（農林水産省 2010）。面積でいうと全体の0.4％

第3部　環境問題への実践的アプローチ

と，本当にわずかなものになっています（一般社団法人 MOA 自然農法文化事業団
2009）。データからもほとんどが慣行農業で占められていることがわかります。

　日本の食をめぐる現状の2つ目のキーワードは，消費の変化を示すものとし
て，「食料自給率とフードマイレージ」があります。現在の日本の食料自給率
は約39％（農林水産省 2017）ですが，世界と比較してみてもダントツに低いと
いうのがわかります。これは急に低くなったわけではなく，昭和40年代からじ
わじわと下がっていました。なぜ食料自給率が低くなったのかというと，原因
の1つとして，消費者側の食生活が洋風化したということが挙げられます。炭
水化物とタンパク質と脂質の栄養バランスを簡単に示す PFC バランスという
ものがあり，昭和50年頃のような正三角形になると一番バランスがよいとされ
るのですが，昭和40年代では，炭水化物が70％ぐらいで多い比率を占めます。
これは日本型食生活といって，一汁三菜のような，ご飯を中心に，ご飯と一緒
に食べられるようなおかずと，野菜中心の汁物が基本だった時代は，油分も少
なくてご飯が多いというのが主流の生活を送っていたからです。これが次第に
肉，卵や乳製品などを食べ始めて，その途中でバランスがよくなったものの，
いまでは脂質が多くなっていることがわかります。これは肉を食べる量が，昔
に比べて圧倒的に増えたというのが原因として挙げられます。また，炭水化物
を摂らない人が増えています。ご飯よりも肉だけを食べるとか，低糖質ダイ
エットなど，タンパク質と脂肪中心の生活をする人が増えています。

　自給率低下のもう1つの原因として，食生活の洋風化に対して，国内産で対
応するという動きに至らなかったことが挙げられます。日本では肉，乳製品や
油をよく使うようになったのですが，牛乳や肉の国産品はスーパーなどでもよ
く見かける割になぜ統計では輸入が多くなるのかというと，肉や牛乳を得るた
めの牛を育てる段階での餌をほとんど輸入でまかなっているという現状がある
からです。結果，食料を輸入している量が多くなってしまうのです。

　次に，フードマイレージについてです。これは自給率とは真逆のことをいっ
ているようなものなのですが，イギリスの消費者運動家ティム・ラングが1994
年から提唱している概念で，生産地から食卓までの距離が短い食料を食べたほ
うが輸送にともなう環境への負荷は少ないであろうという仮説を前提として考
え出されたもので，輸入相手国からの輸入量と距離（トン・キロメートル単位）

128

を単位として，値が大きいほど地球環境への負荷が大きいと考えます（中田 2007）。これを世界各国と日本とで比べると，日本はダントツに高いことがわかります。韓国，アメリカやイギリスと比べても3倍以上です。そして，フードマイレージの大部分を穀物が占めているのは，先ほどお話ししたように，肉などをつくるための餌が穀物でまかなわれているからです。

　次に，日本の現状の3つ目のキーワードとして「食への関心の低下」が挙げられます。国の政策のなかでも，食育を進めていこうという動きはずいぶん前から行われているのですが，最近は特に若い世代に課題が多いといわれています。たとえば，内閣府が行ったアンケート（内閣府 2015）のなかで，「健全な食生活の実践を心がけていますか」という問いに対して，「心がけていない」と答えたのが全世代だと平均20％であるのに対して，20～30代の男性だと約50％，女性だと約30％で，全体の平均よりも高くなっています。もう1つ，「食品の選択や調理についての知識を習得していますか」という問いに対して，「ないと思う」と答えたのが全世代だと同じく平均約20％のところ，20～30代の男性だと約50％，女性だと30％と，やはり平均より高くなっています。いまお話ししたのは意識面の話ですが，実際の食生活はどうかというと，やはり若い世代は課題が多いという結果が出ています。たとえば，1日2回以上，ご飯，穀類や肉類，卵，大豆などのタンパク質の製品と野菜を組みあわせて食べる割合を調べた結果，ほぼ毎日そうした組みあわせで食べる割合が全体で約60％であるのに対して，20～30代が約40％と低くなっています。また，1日の野菜摂取量は全体の平均が270gに対して20～30代は230gと，やはり低くなっています。ただ，国で定められている1日の目標野菜摂取量は350gで，どの世代も達成はできていないのですが，そのなかでも特に若い世代の野菜の摂取量が不足していることがわかります。

　日本の食の現状を表す4つ目のキーワードとして，「食品ロス」の問題があります。食品ロスというのは，本来食べられたはずの食料廃棄のことを示します。まず食料廃棄量は，家庭以外の工業的なものも含めて年間約1700万トンといわれていて，これは食料消費量全体の約20％を占めています（農林水産省 2014）。そのうち，本来食べられたはずの食品ロスは500～800万トン（農林水産省 2014）です。これは日本の米の収穫量の1年分くらいになります。これを1

第３部　環境問題への実践的アプローチ

人当たりに換算すると，おにぎりを毎日１〜２個捨てている量に値します。また，食品ロスの約半分は家庭からといわれています。さらに，家庭の食品ロスのうち22％のものが手つかずのまま廃棄されているという現状もあります（農林水産省 2014）。なぜでしょうか。

　いろいろな原因があるのですが，１つは，野菜の皮をむくときに分厚くむいたり，肉の脂身を抜いたりするなど，食べる前に廃棄される量が多くあります。ほかにも料理を作りすぎて捨てる人や，冷蔵庫に入れた野菜や買ってきたものの賞味期限・消費期限が過ぎてしまったために捨てる割合が多いのです（農林水産省 2014）。私自身こういう話をしつつ，学生で一人暮らしをしていたときは，冷蔵庫に眠ったまま賞味期限が切れたりしていたものが結構ありました。学生のみなさんも思い当たる節があるのではないでしょうか。

　一方で，世界に目を向けると，世界の栄養不足人口は約8.7億人といわれています。その人たちに食料を援助する量が390万トンとされているのですが，これよりも日本の食品ロスのほうが多いのです。日本の食品ロスがいかに多いのかがわかると思います（農林水産省 2014）。

　以上をまとめると，農業の大部分は安定的な大量生産を優先していて，環境への負荷が少ない有機農業の普及率はかなり低いということ，また食生活の変化を輸入で対応しており食料自給率が低下し，言い換えるとフードマイレージが上昇しており環境負荷が多いということ。そして，食への関心が低い人が特に若い世代で多いということ。食品ロスは世界の食料援助量の約２倍で，その半分は家庭から廃棄されているということを知っていただけたかと思います。

現状を知り，考え行動したこと

　このような現状を知り，私自身が大学生すなわち管理栄養士をめざしていたときに考えたことは，管理栄養士は健康に配慮した食生活を提案する仕事ですが，人の健康だけではなく，環境も含めて全体的に配慮することや，自分の健康を考えたり，食品の無駄を減らしたりするためにも，自分の適量を知ったうえで購入することを考えてもらうような提案が必要だと思いました。さらには，食物自体の健康，つまり生産や流通過程での安全性や環境負荷を考慮した食事を提案することが大事だと考えるようになりました。このように考えたと

第 9 章　身近な食生活と環境とのつながり

きは大学 3 年生の進路を決める時期でしたので，大学卒業後にすぐに管理栄養士として社会へ出るのではなく，食の生産現場である農業を自分自身で体験し，その経験をふまえて先述の考えを実行できるような管理栄養士になりたいと思い，食と農業を学ぶことができる大学院へ進学しました。

　大学院では，「食育ファーム」という親子対象の有機農業体験を 1 年間行いました。何組かの親子に畑へ集まってもらい，生産者の方々に野菜の苗の植え方，育て方，収穫の仕方を教えてもらいながら，実際に子どもたちとその親に種まきから収穫までを体験してもらうという事業です。この事業を行ってみてわかったことは，子どもへの体験的な食育の重要性というのはもちろんのこと，「管理栄養士」が農業体験にかかわることが，自身の仕事を行ううえで重要だということでした。そして，将来的には大学の授業等で管理栄養士をめざす学生に農業にかかわることのできる機会を作っていけたらよいのではと思うようになりました。そこで，研究の途中から実際に管理栄養士をめざす現役大学生にも参加してもらい，農業体験事業の手伝いをしてもらうことにしました。体験した学生のなかには，農業について知る機会になった人や，農業体験を行う保育園への就職を希望し，実際に就職した人もいました。

　大学院ではこのような実践的な研究をしていたのですが，修了後から現在に至るまでは，行政で学校給食を担当する栄養士として勤務しています。仕事内容としては，小学校給食の献立作成や発注，小学校での食育授業，給食現場の調理師と新しい献立・レシピを考えたり，などをしています。

おわりに

　私自身の生活を改めて整理すると，いつも食が中心にあることがわかります。大学院生のときは，自炊のためにスーパーへ食材を買いに行く際に旬を意識したり地元産のものを買うようにしたり，研究では食育ファームの事業でとれる旬の野菜のレシピを考えたり，栄養学科の学生と一緒に食のイベントなどの企画を行っていました。

　社会人になった今でも，実生活は同様ですが，栄養士の仕事をするなかでも，今までの経験や学びがすべて結びついていることを感じます。たとえば，旬の食材を選び提供するという発想は，学校給食でも同じです。これは，子どもた

131

第3部　環境問題への実践的アプローチ

ちへの食育のためでもありますが，給食を決められた予算のなかで献立を立て，調理するうえでも，美味しく安価な旬の食材を献立に取り入れることが重要なのです。こうして考えると，旬を考えるということは，実生活でも，仕事でも，研究でも共通して1つのキーワードとなっています。

　そして，今後もできることは何かと考えたときに，実生活では引き続き旬を意識しできるだけ生産者の顔が見えるものを買うこと，研究では講義でお話ししたり食育体験の手伝いをしたりすることなどが挙げられます。

　仕事では，旬の美味しくて比較的安価で，かつ安全な食材を選び，提供することが挙げられます。給食は子どもたちに提供するものなので，安全な食物について研究したり，地元で作られている野菜や米を積極的に使ったりすることなどがあります。

　また，今後，給食関係者（学校の栄養教諭・給食調理員）と一緒に生産者へ取材に行き，子どもたちに食材の生産段階の紹介をするという企画を取り入れたいと考えています。これは子どもたちのためだけでなく，私を含む給食関係者が理解を深めるためでもあり，そこが重要だと考えています。また，今現在給食の食材廃棄は，廃棄量に応じてお金を支払い，業者に引き取ってもらう形で行っています。つまり市の支出を減らすためにも，食品ロスを減らしていくというのは重要な課題です。献立や発注量の見直しを行い，子どもたちが食べる量にあわせて発注をしたり，子どもたちに食品ロスの問題自体を知ってもらう食育も必要だと考えています。

＊参考文献

　一般社団法人 MOA 自然農法文化事業団，2009，「平成22年度有機農業基礎データ作成事業報告書」．

　内閣府，2015，「平成26年度食育推進施策（食育白書）」．

　中田哲也，2007，『フード・マイレージ——あなたの食が地球を変える』日本評論社.

　農林水産省，2006，「有機農業の推進に関する法律」．

　農林水産省，2010，「世界農林業センサス」．

　農林水産省，2014，「食品ロスの削減に向けて」．

　農林水産省，2015，「平成26年度食糧自給率の概要」．

　農林水産省，2017，「平成27年度食料需給表」．

■ 学生スタッフからの感想 ①

　私はこの授業の講師の方からお話を聞くなかで，環境問題をいろいろな視点で捉える力を養うことができました。そのなかでも特に印象に残った授業があります。それは，ゲストスピーカーの先生による科学技術における不確実性・価値観についての講義で，科学技術社会論という学問領域にもとづいた内容でした。原発を含めさまざまな現代の科学技術とどのように向き合うのかについて鋭い視点で捉えわかりやすい言葉で述べられており，私は強く共感し，多様かつ柔軟に環境問題を捉えることができるようになりました。主張の１つに，価値中立的で科学的な事実を議論しているように見える論争も実は価値観を含む社会的な論争であることがよくあるという考え方があり，その発想に強く影響を受けました。結局，私はこの授業の最終報告会では，大飯原発再稼働の問題が安全であるかどうかを科学的に判断するのではなく，人々がさまざまな不確実性のなかでどのようなリスクを受け入れるのか，どのような未来をつくりたいのかを含む価値観が重要であるという内容を発表しました。

　この授業は，「センス・オブ・ワンダー」というレイチェル・カーソンの唱えた概念を軸に組み立てられていました。感性や価値観というものが人間の判断の根底にあり，環境問題を考える際には論理や科学的な事実だけでなく，その感覚も大きな要因として社会を覆っているのだと理解する必要があると感じました。講義全体を通じて単なる事実や理論だけでなく，環境問題を含む社会問題の本質を理解することにもつながるような刺激的な時間でした。

　また，受講した次年度では学生スタッフとしてかかわることができました。そこでは，授業をマネジメントする側の立場として，学生たちの感性や経験，価値観などを交換しあえる場をつくれるように工夫しました。

　いままで大学の授業では，ディスカッションをしながらテーマについて議論するというものはありましたが，自分自身の価値観やいままでの経験をふまえて，「自分がどうすべき？」について考え，話しあうようなタイプの授業はありませんでした。社会全体について考えることや，高尚な論争を勉強することは大学生として重要ですが，環境問題について考え，取り組むには，自分がどうしたいかや自分に何ができるのかを考えることが非常に大切です。「自分」に焦点を当てて物事を深く考える機会をもらえた今回の授業は，私の大学生活にとっても有意義な時間でした。

【桐畑孝佑＝2014年度受講生／2017年経済学研究科博士前期課程修了】

第 3 部　環境問題への実践的アプローチ

■ 学生スタッフからの感想 ②

　ゲストスピーカーの講義のなかで，実体験にもとづいてされる話は，説得力があり，なおかつわかりやすいため，聴きたいと思うものでした。ゲストスピーカーの話は，必ずしも受講者自身の関心に近いとはかぎりませんが，自分の生活に近いものがあればあるほど，その話に関心を持ちやすいと思うようになります。そのため，グループワークにおいても，多少なりとも興味のある内容として，自らの体験を思い出しつつ語りあうことができるようになります。同様の観点から，環境活動を行う企業で働く傍らで，自らのライフワークとして，また地域でも環境活動に取り組んでいる方の話も，生活に近いものとして考えることができます。このようなライフスタイルについて学生が知ることは，就職活動において視野を広げ，就職先や将来の生き方への選択肢を広げることにも貢献するのではないかと思います。

　また，学生スタッフとして授業にかかわるなかで，毎回の講義の内容を振り返るときに，「センス・オブ・ワンダー」を感じとっていることに気づくきっかけを提供し，その重要性を示唆することができました。それは，幼い頃の記憶を思い出してもらうことであり，そうしたきっかけをつくることができたのは，とてもよかったと思います。そして，この点，身近なワクワクや不思議さや美しさなどを「幼い頃の笑い話やしょうもない話」としてではなく，大切な 1 つの感性「センス・オブ・ワンダー」として認識することが，環境問題について考える大きな基礎，入り口となるのではないでしょうか。

　この気づきを基として身近な環境問題について考え，発表する機会があり，さまざまなテーマが取り上げられていました。発表とレポート提出で終わってしまうのではなく，少しでも受講者の今後の生き方につなげていくことが，また今後の考え方のほんの片隅にでも入れてもらうことができたら，と考えます。

　「センス・オブ・ワンダー」を感じ大切にすることで，心豊かで「環境」にやさしい暮らしをしていきたいものです。

【齊藤恭宏＝2014年度受講生／2016年政策学部卒業】

■ 学生スタッフからの感想③

　私は，初年度は受講生として，次年度は学生スタッフとしてこの講義に参加しました。その２つの立場を通して，講義内容もさることながら，アクティブ・ラーニングという手法を用いた講義形式からも，多くのことを学びました。講義内容については，自らの興味関心を軸としながらも，講師の方々の多様な視点から，さまざまな環境問題について学び，考えることができました。しかし，それだけにとどまらず，講義中に設けられた学生どうしの話しあいの過程からも，多くの気づきを得ることができました。

　まずは受講生の立場から，講義内容をふまえつつ，自分の考えをまとめ，相手に伝えることの難しさと同時に，相手の考えに耳を傾け，それについて主体的に考えることの重要さを改めて認識しました。他の人と意見を交換する機会のない学び方では，どうしても視野が狭くなり，考えが偏りがちになります。それとは対照的に，本講義で採用されたアクティブ・ラーニングのように，自らの考えを述べ，他人の意見を聴き，相互に意見を交換する機会のある学び方では，これまでの自分にはなかった考えや思考方法，さらにはその裏にある価値観について知ることができます。このような講義の運営は，環境問題を身近な問題として捉える感性を育むという，レイチェル・カーソンのいう"センス・オブ・ワンダー"とも通ずる，この講義の趣旨と深く関係するものであったと考えます。

　次に学生スタッフの立場から，講義内における話しあいのファシリテーターを務めたことで，話しあいという場についての認識が深まりました。ファシリテーターの役割は，場の進行役であると同時に，その場が有意義で，かつ建設的なものになるかどうかを左右する重要なものです。話しあいに参加している人々から意見を引き出し，それらをまとめ，時には結びつけ，また広げながら，さらに発言を促していくことで，話しあいの場を"知的創造の場"にすることが，ファシリテーターの重要な役割であると痛感しました。このことが達成されるかどうかによって，上で述べたような受講生の学びに大きな差ができてしまうと思いました。このことは，他人の発言の内容にだけでなく，その裏にある意図や想いにまで配慮するという，人間の感性の問題でもあると感じました。

　以上の経験と考察から，私は気づきとして，これからの時代の問題解決のあり方について，その端緒をつかんだように思います。社会の諸問題がますます複雑化し，かつ多様化していくにつれ，単一の視点だけからでは，解決を望むのはますます困難になると考えられます。そのようななかにおいて，１つの問題の解決に向けて，いかにして多様な視点，意見を取り込めるかは，大きな鍵の１つになるのではないでしょうか。そう考えたときに，上で述べたような気づきをこの講義から得られたことは，貴重であったと思います。

【白石智宙＝2014年度受講生／2016年政策学部卒業】

第4部───現代に生きるレイチェル・
　　　　カーソン

第10章　レイチェル・カーソンが
　　　　　　伝えたかったこと

上遠　恵子

🖋 環境に関するプロフィール

① 　環境や環境問題を考えるきっかけは，本文で述べているように母乳に DDT が検出されたことから『沈黙の春』を熟読したことと，1960年に始まったベトナム戦争で行われた枯葉作戦（除草剤 2,4,5-T を大量に空中散布し，ジャングルの木々の葉を枯らして隠れているゲリラを見つけやすくする作戦）で，広大な密林が枯死し，やがてベトちゃん，ドクちゃんのような奇形児の多発という現象を見て強い関心を抱きました。

② 　環境問題を語るとき，多くの人は枕詞のように「レイチェル・カーソンが沈黙の春で指摘したように」といいます。そのように多くの人に，環境への目を開かせてくれた女性の思想を多くの若い方に知っていただきたいと思いました。

③ 　私がカーソンの研究を始めようと思ったとき，彼女はすでに亡くなっていました。しかし，その作品を通して，また生涯の歩みを通して自然との共生によって育まれる豊かな感性，生命に軸足を置いた科学的思考の大切さを教えられました。一度もお会いしていない人が，私に与えた影響の大きさに感動しています。

カーソンとの出会い

　私がアメリカの海洋生物学者でありベストセラー作家でもあるカーソンを研究し，その作品や思想を語り継ごうとしてから50年近い時が流れました。

　私が最初に出会った彼女の作品は，1952年に出版されベストセラーになっていた *The Sea Around Us* の訳『海，その科学とロマンス』でした。当時は，日本がようやく敗戦の混乱から復興しつつある時期でした。本の紙質も粗くまだ簡体字ではなく難しい漢字だったことを覚えています。内容もその頃の私には，難しく思えました。私には，同時期に出版された海洋学者ヘイエルダールの『コンチキ号漂流記』のほうが面白かったという記憶が残っています。しかし，初めて知ったカーソンという名前と彼女が海洋生物学者で作家であることに，

第10章　レイチェル・カーソンが伝えたかったこと

理系女子であった私には強く印象に残りました。

　それから10年後，1962年の夏に *Silent Spring* が出版され，日本にも原本が入ってきました。ちなみに日本語版が出版されたのは1964年です。訳本の題名は『生と死の妙薬』で副題として"自然均衡の破壊者〈化学薬品〉"という言葉がついていました。私は父親が農林省の試験研究機関に勤めていた昆虫学者であったため，農薬の多用を警告する内容を持つ読むべき本だということで，私に渡してくれました。その頃，私は農薬を，よいものだと思っていました。1945年8月の敗戦を機に，海外から兵士をはじめ多くの人が日本に引き揚げて帰ってきました。そして，人口は増えていくのに長い戦争で働き手のいない農村は疲弊していました。作物の病気や害虫が大発生し，稲作はひどいものでした。どちらかというと，飢饉に近い状態でした。ですから，戦後の私たちの食生活はたいへんつらいものでした。多くの人が難民のような生活で空腹を抱えていました。そのような状態のところに，アメリカから合成農薬である DDT がもたらされたのでした。稲の害虫であるウンカや二化螟虫のような害虫が劇的に駆除されて，米の収量もあがりました。そのようなことを見聞きしていた私は，農薬は良いものだと思っていたのです。

　そして，『沈黙の春』が提起しているさまざまな問題を，すぐには素直に受け入れられませんでした。率直のところ「アメリカは戦争に勝ち，本土は空襲も受けず，食糧も不足していない，豊かだから，こんなことがいえるのだ。日本はその日の食べ物にも困るような腹ペコ時代なのに，すんなり受け入れられない」という気持ちです。しかし，職場であった東京大学農学部でのゼミや研究会で，DDT に代表される農薬の負の部分を勉強しました。そして，目から鱗が落ちたわけです。もう一度，カーソンの『沈黙の春』を読み直さなければならないと思いました。

　その頃，1968年頃だったでしょうか，朝日新聞の女性記者で厚生省担当だった松井やよりさんという方が，母乳のなかに農薬の DDT，BHC が検出されたということをスクープしました。それはたいへんなことです。いまでこそ，食べ物のなかに含まれている添加物がいかに人体に影響を及ぼすかということに多くの人が関心を持っていますが，当時その報道は大きな反響を呼びました。まだ農薬の規制なども十分にされていない時代です。DDT や BHC が含まれ

第4部　現代に生きるレイチェル・カーソン

ている食品を食べたことによって，母乳のなかにそれらが含まれ，それを赤ちゃんが飲んでしまう。これがどんなにたいへんなことかという問題提起です。私は，こうした問題をきっかけに農薬による汚染について勉強しなければならないと思うようになりもう一度『沈黙の春』を真剣に読みました。

カーソンの生い立ち

カーソンは1907年5月27日生まれ，1964年4月14日に56歳でガンのために世を去っています。私は，彼女の個人的なことはその程度の知識しかありませんでした。

1970年，アメリカで *Since Silent Spring*（邦訳名『サイレント・スプリングのゆくえ』同文書院）という本が出版されました。著者はフランク・グレアムという，オーデュボン協会の専門部門担当編集者です。この本は，『沈黙の春』が出版されてから後，農薬問題と体制的なものとの深いかかわりあい，またその狭間にいる科学者，技術者の姿を豊富な資料をもとに描き出しています。そして，この本の翻訳を当時私が所属していた研究室の田村三郎教授がされることになり，私はその手伝いをすることになったのでした。本の第1章には，カーソンのライフヒストリーが書かれていました。それを読むうちに，私は彼女の生き方に強い共感を抱き，運命的な出会いのようなものを感じて，はまり込んでいきました。

カーソンは，ペンシルヴェニア州ピッツバーグ郊外のスプリングデールで生まれました。アレゲニー川を望む岡の上に家があり，まわりは農場，森などが広がる田園地帯です。幼いカーソンはそうした環境のなかで，自然界は多くの生きものたちが互いにかかわりあいながら成り立っていること，今日の言葉でいえば生態系，エコシステムを体験的に理解していきました。幼い彼女に自然界への目を開いてくれたのは母のマリアでした。マリアは牧師の娘で教育があり，教師の経験のある知的な女性でした。しかし，19世紀のアメリカでは女性は結婚すると仕事は辞めなければなりません。彼女は持てる知識を3人の子どもたち，特に末っ子のカーソンに伝えました。自然のなかを歩きながら自然界の仕組み，生命の輝きの素晴らしさとかけがえのない大切さを語り聞かせたのです。20世紀初頭，アメリカには身近な自然をもっとよく知ろうという自然学

第10章　レイチェル・カーソンが伝えたかったこと

習運動があり，その影響も大きかったと思います。自然界の生きものたちには変化に富んだそれぞれの生き方があることを知った幼いときの経験が，カーソンの生涯を貫いている「生命への畏敬」「自然との共生」という思想の土壌となっています。

作家志望の文学少女から生物学者へ

また，母マリアがいろいろな物語を読み聞かせてくれたので，カーソンは物語を書いてみたいと思う文学少女でもありました。8歳のときには「小さな茶色のお家」という物語を書いています。それは，2羽のミソサザイが可愛らしい巣をつくる話で，巣づくりの様子が細かく描かれています。そして，自分は将来，作家になろうと思っていました。その頃，アメリカには「セント・ニコラス」という子ども向けの雑誌がありました。この雑誌は1873年に創刊され，挿絵も印刷も美しく子どもがわくわくするような物語「トムソーヤの冒険」「小公女」「若草物語」などが掲載されていました。なかでも人気があったのは読者の投稿欄で，子どもたちは自分の自信作を投稿しました。「アライグマのラスカル」を書いたスターリング・ノース，「シャーコットの贈り物」のE. B. ホワイトなどの著名な作家も子ども時代に投稿しています。「ピーター・ラビット」で有名なイギリスのビアトリクス・ポターも子ども時代にわざわざアメリカから「セント・ニコラス」を取り寄せて読んでいたという記録があります。

1918年5月，カーソンは「雲の中の戦い」という作文を投稿しました。これは第1次世界大戦に空軍の兵士として従軍した兄からの手紙に書いてあった勇敢な飛行士の物語でしたが，この作文に銀賞が贈られました。さらに，彼女は次々と投稿し，1年間に4回も掲載されて無審査の名誉会員にも選ばれたほどです。そして，高校を卒業した彼女は，さらに作家としての修行を積むべくペンシルヴェニア女子大学文学部に入学します。大学1年が終わるまでにいくつかの作品を書いていますが，そのどれも指導教授から，専門的な題材であっても読者のためにわかりやすく書き著すということと，臨場感のある描写を高く評価されています。作家としての将来を期待される学生でした。

2年生の後半になると，必修科目で生物学をとることになりました。そこに

第4部　現代に生きるレイチェル・カーソン

は，彼女が幼いときから慣れ親しんできた生きものたちと自然界の不思議を解く鍵が秘められていることを感じて，すっかり生物学に魅せられてしまいました。自分は作家になるよりも生物学者になるほうが向いているのではないだろうかと，迷い始めます。作家としての将来を期待していた文学部の教授たちは反対しました。女性は体力的にも能力的にも科学者には向いていないし，文学と科学は両立しないのだからやめたほうが良いという意見です。迷いに迷ったカーソンは，ある晩，英国の詩人アルフレッド・テニスンの「ロックスレー・ホール」（Locksley Hall, 1834）を読んでいました。

　「強い風が海に向かって咆哮している。さあ，私も行こう」という詩の一節が彼女に強い感動を与え，生物学を選ぶ決心をすることになるのです。やがて海洋生物学者になったカーソンは，このときの運命的な海との結びつきを思い出しています。

　こうして，大学を卒業するまで生物学を学んだ彼女は，ボルチモアにあるジョンズ・ホプキンス大学大学院に進学し，動物発生学（特に魚類）を専攻します。1932年に提出した修士論文のテーマは「ナマズの胎生期および仔魚期における前腎の発達」というものでした。1929年に起きた世界大恐慌はカーソン一家の家計を直撃し，博士課程に進む余裕はなく，たとえ学位を持っていても常勤の仕事を見つけることもままならない社会情勢でしたから，非常勤の研究助手を続けながら，書くことで収入が得られないかと模索することもありました。

公務員になる──科学と文学の合流──

　1935年，公務員試験に合格したカーソンは漁業局（後の内務省魚類・野生生物局）の公務員になりますが，与えられた仕事は，大衆教育のために漁業局が企画するラジオ番組のシナリオの執筆でした。職場にいる科学者たちは，魚について専門的な知識は持っていてもそれをわかりやすく，しかも面白く書くことに苦労していました。作家を志したこともある彼女にとって，この仕事に出会ったことはまたとない幸運でした。漁業局での調査結果は執筆のための素材を与えてくれ，彼女には書くべきアイデアが次々と浮かんできました。かつて，科学と文学は両立できないと考えていたのが，見事に合流できたのです。

第10章　レイチェル・カーソンが伝えたかったこと

しかし，第１作である『潮風の下で』は1942年11月に出版されましたが，それは日米開戦の直後でした。戦争は，平和な海の物語をのみ込み本は売れず，家族の生活を支えるために公務員生活は1952年まで17年間に及びます。その間，彼女は一貫して調査，広報の仕事に携わり，手許には多くの資料が収集されていきました。

　海の３部作と呼ばれる作品，*Under The Sea Wind*（1942年）（邦訳『潮風の下で』岩波現代文庫），*The Sea around Us*（1952年）（邦訳『われらをめぐる海』ハヤカワ文庫），*The Edge of The Sea*（1955年）（邦訳『海辺』平凡社ライブラリー）は，生きものたちの書き方が実に正確であると同時に，実際に海のなかで魚と一緒に泳いでいるような臨場感があります。執筆に際して彼女は，「科学技術の言葉の意味はわかるけれども，毎日の生活のなかでは，そのような言葉は使わない人々」にも理解できるようなやさしい言葉で書き，しかも詩情豊かに表現することに心を砕きました。科学と文学とが一体になっているというのが彼女の著作の特徴で，1950年代のアメリカでいずれもベストセラーになっています。そして，半世紀以上を経たいまでも読み継がれています。人間も地球に住む生きものの一種であるという認識に立っているから，他の生きものに対する愛情と理解，仲間意識があります。それに生物学者としての科学的見解が加わるのですから，作品には独特の雰囲気がありました。第２次世界大戦後，冷戦と近代化に向けて突進する社会のなかで，増えていくストレスを癒すのに自然の語り部である彼女の作品は人々の共感を得たのでした。

『沈黙の春』の起源と原子力時代の到来

　1945年，第２次世界大戦が終わり，それまで戦場で蚊やシラミなどの駆除のために使われていた殺虫剤 DDT が，農業，園芸，家庭で大量に使われるようになりました。DDT の殺虫力は長持ちすると宣伝されていましたが，そのことは残留毒性が強いということです。1950年代になるとその弊害が顕在化してきます。その一例ですが，釣りの邪魔になる水辺の蚊やブヨを駆除するためにまいた DDT は，水中の植物性プランクトン→動物性プランクトン→魚→鳥→猛禽類というように食物連鎖の頂点にいるアメリカの国鳥であるハクトウワシの体内に濃縮されていき，ついにその繁殖力を弱め，ハクトウワシは急速に数

143

第4部　現代に生きるレイチェル・カーソン

を減らしてしまいました。

　「春がきても，鳥の囀りもミツバチの羽音も聞こえない沈黙の春だった」という寓話で始まる『沈黙の春』の執筆は，自然界の一員である人間が，科学技術という強大な力を持ったことで，人間の都合だけで自然を破壊し，生きものたちを絶滅に追いやっている事態への強い警告としてなされたものです。冒頭でもお話ししたように，多くの人々はDDTをよいものだと信じていましたから，私たちは『沈黙の春』によって，日進月歩を続ける科学技術の負の部分である環境問題について初めて目を開かされたといってよいでしょう。

　執筆に際して彼女は，「書かれたものが，科学者たちの批判に耐えるものでなければならない」として正確を期すために実に千数百編の学術論文を読みこなしています。このことは，出版後大きなインパクトを社会に与え，化学企業からのバッシングに耐えられた理由であり，当時のケネデイ大統領の諮問委員会が本の正当性を認めたことにもつながります。

　執筆中は東西冷戦時代で，互いに核兵器の開発を競っていました。1952年には，南太平洋エニウエトク環礁でアメリカが初の水素爆弾の大気圏内実験を行い，1954年にはビキニ環礁で再び実験を行いました。近くで操業していた日本のマグロ漁船第五福竜丸が被曝し，大量の「死の灰」を浴び，船員の久保山愛吉さんが帰国後亡くなられたことを，私ははっきりと記憶しています。

　『沈黙の春』の執筆を続けるカーソンには，DDTの白い粉と，放射能を含んだ死の灰は，同じように自然界のあらゆる生命系に禍をもたらすものだと確信するに至りました。ですから，『沈黙の春』のなかには次のような記述があります。

　　核実験で空中に舞い上がったストロンチウム90は，やがて雨や埃に混じって降下し，土壌に入り込み，草や穀物に付着し，そのうち人体の骨に入り込んで，その人間が死ぬまでついてまわる。だが，化学薬品もそれに劣らぬ禍をもたらすのだ。（カーソン　1987：16）

　同じような記述は随所に見られますし，ヒロシマやマグロ漁船についての記述もあります。放射性物質の危険性について強い危惧の念を抱いていたカーソ

ンは，1963年10月に『環境の汚染』という題の講演をサンフランシスコで行っています。そのときはすでに体中にガンがひろがり，亡くなる半年前でしたから，まさに遺言といえます。

　　放射性物質による環境汚染は，あきらかに原子力時代と切り離せない側面です。それは，核兵器実験ばかりでなく，原子力のいわゆる「平和」利用とも，切っても切れない関係にあります。こうした汚染は，突発的な事故によっても生じますし，また廃棄物の投棄によっても継続的に起ってもいるのです。私たちがすむ世界に汚染を持ちこむという，問題の根底には道義的責任──自分の世代ばかりでなく，未来の世代に対しても責任を持つこと──についての問いがあります。当然ながら，私たちは今現在生きている人々の肉体的被害について考えます。ですが，まだ生まれていない世代にとっての脅威は，さらにはかりしれないほど大きいのです。彼らは現代の私たちがくだす決断にまったく意見をさしはさめないのですから，私たちに課せられた責任はきわめて重大です。（リア　2009：332）

　福島の原発事故を経験し，汚染水をいまだにコントロールできない私たちにとって，半世紀前のカーソンの言葉は，実に重く響きます。
　この講演は『失われた森』（リンダ・リア著，集英社）というカーソンの遺稿集に収録されていますから，ぜひ読んでいただきたいと思います。

生態学からエコロジーへ

　私たちは，日常的にエコロジーという言葉を使っています。エコロジカルな生活，エコロジカル・ファッションなどというものまであります。エコロジーとは，生物学の一分野で生態学のことです。生態学は，生物とまわりの環境，すなわち水，温度，光，地形などとの相互関係と機能を研究する地味な分野でした。しかし，カーソンが『沈黙の春』のなかで人間と環境との関係を生態学的，社会学的観点で書いたことによって，片仮名のエコロジーという考え方が広く市民権を持つようになりました。エコロジーという言葉のなかに，優しさ，思いやり，質素，自然との共生など，人間の生き方までが含まれるようになりました。
　20世紀後半，私たち人間は，といっても地球上の国々の20％に過ぎない先進

第4部　現代に生きるレイチェル・カーソン

国の人間は，科学技術の発展のおかげで豊かさと便利さを手にすることができました。しかし，80％の発展途上国は貧困のなかにあり，自然は破壊され資源は浪費され，沢山の生きものが絶滅の危機にさらされました。カーソンは，そのような発展の影で進行しているマイナスの部分を認識しない社会を批判しています。その影響力は『沈黙の春』が20世紀後半における最大の問題提起の書と称され，タイム誌の「20世紀の100人」のなかにカーソンを掲載したことからもわかります。「地球は，生命の糸で編み上げられた美しいネットで覆われている。人間もその編み目の1つなのだ。その人間が強大なテクノロジーという力でネットを破っている。人間はもっと自然に対して謙虚でなければならない」という彼女の思いを受け継いでいきたいと思います。

カーソンを支えた信念

　1962年の夏『沈黙の春』は，出版されるとただちに賛否両論の激しい波に襲われました。そのころ無差別に行われていた殺虫剤の空中散布に対して，差し止め訴訟も市民から起こされています。園庭で遊んでいる子どもたちが頭から浴びてしまったり，殺虫剤を散布された牧草を食べて具合が悪くなった牛や，養魚場の魚が死んだりすることが起っていたのです。しかし，化学産業界からの反対の声はさらに強いものでした。政府やマスコミへの投書は，日に日に増えていきました。「サイレント　スプリング」は「ノイジー　サマー」になったといわれるほどでした。カーソンへの個人攻撃もひどいものでした。しかし，彼女は決して屈しませんでした。

　先述のとおり，書かれたものはすべて科学的な根拠のある事実にもとづいているという確信と，自然界のあらゆる生命のために書かねばならないという使命感がそれを支えていました。執筆が最終段階にさしかかった頃，彼女の体はガンに侵されていましたが，最も大切にしているもののために，この地球を毒まみれにしてはならないと力を振り絞ったのです。

　友人への手紙にこう書いています。

　私が救おうとしている生命ある世界の美しさは，常に脳裏に浮かびます。同時に現在行われている愚かしくも野蛮な行為に対する怒りで胸が一杯になるのです。可能な

第10章　レイチェル・カーソンが伝えたかったこと

ことはしなければならないという厳粛な義務感に縛られていることを感じています。もし，私がいささかなりともそれを試みようとしなかったら，私は自然のなかで二度と再び幸せな気持ちになれないでしょう。しかし，いまでは少しばかり手助けができたと信じています。(ブルックス　2007：40)

　カーソンの著作は，『沈黙の春』『センス・オブ・ワンダー』をはじめ海についての著作は没後50年を経たいまでも版を重ね，読み続けられて，私たちに感動と行動への指針を与えてくれます。それは，これらの著作が経済の言葉ではなく，生命の言葉で書かれているからです。

おわりに
　カーソンの最後の著作の『センス・オブ・ワンダー』には，子どもが大自然の不思議さに触れたときの，新鮮な驚き，感動が描かれています。彼女は，破壊と荒廃への道を突き進みつつある現代社会のあり方にブレーキをかけ，自然との共生の道を歩む希望を，子どもたちの感性と，子どもの感動を共有する私たちに期待しています。
　私は，自然のなかで育まれた豊かな感性が，社会のさまざまな問題，格差，貧困，戦争，平和などについても敏感に感じ取ることができると信じています。また，そうでなければならないと思っています。この本が語りかける穏やかで説得力のあるメッセージは，決して脆弱なものではなく生命に軸足を置いた強靱なものだと思います。
　『沈黙の春』の最終章「べつの道」のなかに，次のような文章があります。

　　私たちは，いまや分かれ道にいる。どちらの道を選ぶべきか，いまさら迷うまでもない。長い間，旅をしてきた道は，素晴らしい高速道路で，すごいスピードに酔うこともできるが，私たちは騙されているのだ。その行きつく先は，禍であり破滅だ。もう1つの道は，あまり〈人も行かない〉が，この分かれ道を行くときにこそ，私たちのすんでいるこの地球の安全を守れる，最後の，唯一のチャンスがあるといえよう。どちらの道をとるか，きめなければならないのは私たちなのだ。(カーソン　1987：354)

147

第4部　現代に生きるレイチェル・カーソン

私たちは，べつの道を歩く勇気を持ち続けたいと思います。

＊参考文献

カーソン，レイチェル，1987，青樹築一訳『沈黙の春』新潮社.

カーソン，レイチェル，1996，上遠恵子訳『センス・オブ・ワンダー』新潮社.

グレアム，フランク，1971，田村三郎・上遠恵子訳『サイレント・スプリングの行くえ』
　　同文書院（絶版）.

ブルックス，ポール，2007，上遠恵子訳『レイチェル・カーソン（上)』新潮社.

リア，リンダ，2009，古草秀子訳『失われた森』集英社.

第**11**章　命にこだわる政治を求めて

嘉田由紀子

🖉 環境に関するプロフィール

① 昭和20〜30年代，私は埼玉県の養蚕農家で生まれ育ちましたが，そこで「お蚕さん」や「農作物」と共に暮らし，動植物の命により生かされている人間の運命を感じました。昭和30年代に入ってきた農薬を母は草取りから解放されると歓迎しながら，見えない影響を怖がっていました。昭和40年代の大学時代，人類の誕生の地，アフリカで半年間暮らし，「コップ一杯の水」「一皿の食物」の価値に目覚め，環境と人間の共生関係を研究する決心をしました。

② 大学に入って間もなく『沈黙の春』を読み，幼い頃，母が恐れていた農薬の危険性をこんなかたちで科学的に分析をして，かつ文学的に表現する先人がおられる，ということで感動をし，それ以来，カーソンを環境問題の母と思うようになりました。

③ なぜ琵琶湖研究者が知事職に挑戦したのか。何十冊本を書いても何百篇エッセイで訴えても，琵琶湖に環境破壊をもたらす，必要性の低いダムひとつ止められない。そのときの思いはまさにやむにやまれぬ「理屈ではなく感性」でした。科学と文学をつないだカーソンの思想と実践と自分の政治的主張には共通基盤があると判断し，今回の講義をお受けしました。

カーソンの問題提起はいまも解決されていない

　本書のテーマである「いまに生きるレイチェル・カーソン」に関して，上遠恵子氏の最新の著書にこういうくだりがあります。「放射能の害という問題に関連して，最近になって核実験禁止条約が結ばれましたが，問題は３点ある。第１に，寿命の長い同位体は，高層大気中に何年も残るので，私たちは大量に浴びるとされています。２つ目は，過去に地下実験を行った地域から流れ出して，これがこの先ずっと続く。第３に，この放射性物質による環境汚染は明らかに原子力時代とは切り離せない」（上遠 2014）。放射能による汚染は突発的な事故によって生じますし，また廃棄物の投棄によっても継続的に起きます。私

149

第4部 現代に生きるレイチェル・カーソン

たちが住む世界に汚染を持ち込むこうした問題の根底には，道義的責任，それはつまり，自分の世代ばかりでなく，未来の世代に対しても責任を持つことについての問いがあります。

このカーソンの言葉が，福島原発事故を経たいまこのまま通用するという現実に対して，私自身，無念と怒りを感じています。私たちが人類として，あるいは政治家として行政担当者として，また私自身も知事就任前の研究者の期間も含めた過去50年間，何をやってきたのかという怒りにも似た想いと，次の世代に申し訳ないという懺悔の気持ちでいっぱいです。おそらく，この想いは，ある年代以上の人びとには共通ではないでしょうか。

50年前にカーソンが残した言葉はいまでも生きていて，その提起された問題はまったく解決されていません。それどころか，私たちは安全神話のなかで，かなり予測されていたにもかかわらず，手立てを打たず，東京電力福島第一原子力発電所の過酷事故を引き起こしてしまいました。政治や行政の意思決定をしてきた，日本の中枢を担ってきた世代の者たちの責任は本当に大きいと思います。私も8年間，滋賀県知事という責任を担わせていただきました。また3・11後，福島の事故は決して他人事ではないという考えのもと，私たちの目の前の問題として「被害地元」という考え方のもと，若狭湾岸の原発の危険性を訴えてきました。たとえばいま再稼働の議論をしている大飯原発も今私が住む大津市北部の琵琶湖辺から約50km，京都市から約60kmに位置します。万が一何かがあっては，関西の命の水源琵琶湖が汚染され，関西全体に人が住めなくなるかもしれないという切実な状況のなかにあることをふまえなければなりません。

戦後政治の「インタレスト・ポリティックス」は視野狭窄の目前利害重視

2014年の滋賀県知事選挙の争点は，「卒原発」を掲げる嘉田県政を継承するかどうかという点で，継承を強く主張した三日月大造氏が選ばれました。ただ1万3000票差でしたので，「卒原発」が圧倒的支持を得たわけではないという滋賀県の政治事情には留意が必要です。

私は知事の前は滋賀県立の琵琶湖研究所と琵琶湖博物館の設立にかかわり，30年以上琵琶湖研究を進めながら，研究成果にもとづき各種提言をしてきまし

第11章　命にこだわる政治を求めて

た。1988年にはレイチェル・カーソン日本協会設立発起人となりました。行政立の研究職員で市民活動をやるのは研究者としての客観性を損なうのでは，と研究仲間や行政当局から批判されたこともありました。私は「研究と実践」の両立をめざしましたので，妥協をせず進めてきました。30年以上活動をしてて発見したのは，日本の政治風土，政治文化，政治では，命・環境・次世代への配慮や国際貢献という理念がきわめて軽視されていることです。政治の判断基準は，時間軸が短く，視野が狭い。まさに視野狭窄の政治でした。つまり「命ではなく経済的利益」「環境ではなく開発優先」「次世代ではなく現世代の利益」「国際貢献ではなく一国優先主義」でした。この価値観の転換なしに，日本の未来はきわめて暗いのではないかと思います。

　そこで私は「ライブリー・ポリティックス（生と生活の政治理論）」という概念に着目しました。元々は東京大学の政治学者・篠原一氏が提唱した考え方です（篠原 1988）。ここには多様な価値観を持つ女性や若者や高齢者の政治参画がないと，日本はいつまでも「個別利益誘導型政治」から脱却できないという意味が込められています。

　本章のポイントは6つあります。1点目は，ライブリー・ポリティックスが個別利益誘導型とは別のいわゆるオルタナティブな政治理念になりうるというものです。2点目は，私自身がなぜ学者から政治家へ，研究から実践へと展開したのかについてです。3点目は，選挙のやり方，方法が政策実現の手法や成果を規定するという点。4点目は，財政健全化の文脈での，無駄な公共事業の見直しについて。5点目は，人口減少に対する滋賀県の独自政策。6点目が「命を守る琵琶湖」「原発による生活破壊」「自然破壊への異議申し立て」という3つの大きな項目です。

　1点目のライブリー・ポリティックスは，篠原一氏が1970年代に提唱した概念で，もとはアメリカの政治学者パーカーの言葉です。いまから思うと，70年代にいわれたこのライブリー・ポリティックスという考え方はいまだに有効ですが，まだ十分に確立できていないと私は思います。日本の戦後政治には大きく分けて3段階があります。1段階目はイデオロギー対立のステージです。これは冷戦時代に見られます。2段階目はインタレスト・ポリティクス。これは高度経済成長期の中心的な見方ですけれども，利権で固まる縦の同業者組織を

151

第4部　現代に生きるレイチェル・カーソン

重視します。2006年の私の1期目の滋賀県知事選挙でも「国と仲良くしないと道路ができない」「国からの補助金が削減される」等，嘉田は国とのパイプがないと非難されました。もちろん国とのパイプは時として必要ですが，地域が主体的に国の役割を見極める必要があります。必要性の低いダムを押しつけてきたり，原発推進を押しつけてきたり，逆にどうしても必要な子育てや環境政策には十分な配慮がない。そのような国が身勝手をする政策現場を研究者時代からいやというほど見てきました。

　そして，このインタレスト・ポリティックスでは実は生産側の利害が重視されがちです。そのため，多くの行政が，農林水産業であれば農業団体・水産団体・林業団体，そして経済団体とのつながりを重視し，一方で消費者や生活者，災害であれば被害を受ける側への被災者への配慮がきわめて低くなります。公害や環境破壊でも，被災者，被害者の視点が弱くなる。つまり，インタレストとしてまとまりやすい団体から選挙応援をもらうことで，政治家の意思決定が左右される。いわば「集票装置」としての団体優先です。消費者・生活者，あるいは被害を受ける人たちの声は声になりにくく，潜在的なリスクに晒される人たちは団体化しにくく，意見をいえる社会的・政治的チャンネルも限られています。たとえば，「福井の原子力発電所から何km圏内は，これだけの危険性があります」というシミュレーションを滋賀県は独自に行いましたが（危険性の見える化），潜在的な社会の声というのは声になりにくいのです。そこのところを私は「被害地元」という概念をつくって，被害者側から，または万一のときに被災をする側からの声を「社会的圏域として見える化」して，その主張を滋賀県知事として，また関西広域連合のなかで発信してきました。

滋賀県でのライブリー・ポリティックスは1974年武村県政の発足から

　そんなかたちで生産側，サービス供給側が重視されるのがインタレスト・ポリティックスの特色です。それに対して，「生と生活の政治」という訳がされていますが，ライブリー・ポリティックスは，インタレスト・ポリティックスの反省に立ちながら，広義の福祉を重要視する政治です。物質的豊かさの追求だけではなく，精神的な豊かさや命の価値も求め，エコロジスト，地方分権運動や原発反対運動などを含む概念といわれてきました。ちょうど1980年代初頭

152

の北海道知事選挙や，富野暉一郎氏（現・福知山公立大学副学長）が逗子市長になったときに，このライブリー・ポリティックスという言葉が使われていました。

　実は滋賀県では，1974年に武村県政が誕生したのが，このライブリー・ポリティックスの始まりでした。社共共闘で自民推薦の現職を破り，40歳の若き知事が誕生しました。土地ころがしの利権争いと並んで琵琶湖総合開発において環境配慮がほとんどなされていなかったことを受け，当時の労働運動の指導者であった細谷卓爾氏たちが中心となって武村正義氏を知事まで押し上げました。細谷氏は元々チッソの社員でした。東京大学卒業後，1957年に幹部候補生として当時のチッソ守山工場に赴任してきました。その後，チッソのなかで水俣病問題が持ち上がり，自分でチッソ幹部社員としての出世を拒否して，転勤も拒否して結局滋賀県という地域に居ついて，組合運動をされました。その細谷氏たちが武村氏を担ぎ，1974年に8000票差で勝ちました。そのときの「草の根自治」というのが，私たちがいわば滋賀の伝統として掘り起こしたライブリー・ポリティックスです。そして2014年の知事選挙で，嘉田の二期の引退にあわせて，「チームしが」という政策グループを武村氏，三日月氏らとつくらせてもらいました。それはひとえに，武村から嘉田へと受け継がれてきたライブリー・ポリティックスの滋賀県の伝統をインタレスト・ポリティックスに戻してはいけない，という強い想いからでもありました。

　2014年の知事選挙の相手は原発推進の元・経済産業省の技術官僚で，政権与党から200人近くの著名な国会議員を送りこむほどの物量作戦を展開されました。私たちは政党色なしに，完全な「草の根自治」型の選挙を進めました。いずれにしろ，いまから振り返ってみると，武村氏の進めたライブリー・ポリティックスの例として，琵琶湖に赤潮が出たというときに，女性たちが合成洗剤に含まれるリンが問題だということで，せっけん運動を起こされたことが挙げられます。過去のものと思われるかもしれませんが，琵琶湖の環境汚染に対して，自分たちが原因者だと認識し，それに対して害を減らそうという自主的な生活者運動であったという意味では，世界的にも稀な運動でした。そして，1979年には世界でも最初といえる「富栄養化防止条例」を制定し，チッソやリンを赤潮が出ないレベルまで抑えようと政策づくりを行いました。

153

第4部　現代に生きるレイチェル・カーソン

文理連携の課題解決型をめざした琵琶湖研究所

　滋賀県の「富栄養化防止条例」のユニークさは，環境理論から見ればわかると思います。本書の**第4章**のなかで，環境政策には「法令規制」「経済インセンティブ」「教育・普及」という3つの手法があることが説明されています。実は「富栄養化防止条例」は，水俣病で原因物質として問題となった有機水銀のような人間や生物に危険な物質を量的に規制するものではありません。逆に，人間や生物の生存には必須栄養素であるリンやチッソが生活・生産場面から湖に流れ出すのを条例で権力的に規制しようという制度でした。そこでなぜ，毒物でないものの排出を抑えなければならないかという論理が必要でした。この論理をつくるためには，アメリカ五大湖で研究されていた合成洗剤に含まれるリンが，赤潮の発生に代表される湖沼の富栄養化に影響するという研究成果をもって県当局は条例を提案しました。

　憲法に規定されている財産権，あるいは営業権を侵すということで，洗剤製造業者から猛反対を受けましたが，憲法の営業権も「公共の福祉に反しない限り」という条件があります。その公共性が，関西の水源であった琵琶湖を水質汚濁から救うということでした。結果的には地域の住民運動が盛り上がるなかで滋賀県議会も条例を認めざるをえませんでした。そのような経験をするなかで，武村知事は琵琶湖に関する科学的知見を集め，県の政策に活かせる課題解決型の滋賀県独自の総合的な環境研究所を設立することにしました（関根2013：133）。それが琵琶湖研究所でした。私は1981年の琵琶湖研究所準備室に県の研究職員として採用されました。

　後の著作で武村氏は，県の総合力を発揮できる琵琶湖政策こそ憲法がうたう「地方自治の本旨」と明言しています（関根 2013：131）。なぜなら，国のいいなりだと，たとえば琵琶湖への水質の影響等，なかなかひとつながりの研究はできないからということでした。実はそれまで環境研究は自然科学かあるいは法学など社会科学系が中心だったのですが，そこへ社会学や人類学など文科系を入れようといったのが，当時の国立民族学博物館館長の梅棹忠夫氏と京都大学教授の米山俊直氏でした。私はアフリカの文化人類学研究からアメリカ留学を経て，社会学・人類学から環境問題を研究しておりましたので，琵琶湖研究所のねらいに強く共感し応募しました。そして琵琶湖の環境政策に実践的な新

154

第11章　命にこだわる政治を求めて

機軸を拓くには，文科系と理科系が連携をして課題解決型の研究が必要という意図から，琵琶湖研究所のプロジェクト研究を進め，その柱の1つに「生活者視点から見る琵琶湖環境問題」の研究成果を蓄積していきました。

　その後滋賀県は次々と独自の環境地域政策を展開していきます。たとえば世界湖沼会議や，環境学習船「湖の子」は，小学校5年生が1泊2日で琵琶湖上にて宿泊体験をするという滋賀県独自の環境学習です。ほかにも県立近代美術館やヨシ保全条例，それから1990年代には，琵琶湖の多面的価値を県民自身が自覚・発見・発信するための琵琶湖博物館が開館されます。琵琶湖博物館を提案したのは自然史系の学校教員，漁業民俗の行政とあわせて，琵琶湖研究所員の私たちでした。当時は武村知事から稲葉知事になっていましたが，滋賀県は国からの補助金なしに，「湖と人間のかかわり」を自然史・人類史・環境史という3つの時代を背景に住民参加型の博物館に巨額投資をして，国とは別の県の独自路線を歩んできました。私自身が知事時代に実現した環境政策の基礎は，琵琶湖研究所から琵琶湖博物館の専門的研究や住民のみなさんとの参加型環境調査活動にあります（嘉田 2012）。

嘉田の滋賀県知事選挙への挑戦は琵琶湖研究の成果を政策に活かすため

　2006年の知事選挙でまったく無名の，「学者」「よそもの」「女」の三重苦だった私は「3つのもったいない」を主張して，県民の方々に選んでもらいました。相手は，自民党・民主党・公明党，270団体が推薦する現職です。現職の「軍艦型選挙」に私のほうが政党推薦も団体推薦もない，まったく手づくりの「手こぎ舟選挙」でした。「3つのもったいない」は「税金の無駄づかいもったいない」「琵琶湖の環境，壊したらもったいない」「子どもや若者が生まれ育たないのはもったいない」という，いわば財政リスク，環境破壊リスク，少子化リスクへの対応を地方自治から進めたい，というやむにやまれぬ想いからの挑戦でした。結果は3万票の差で勝たせてもらいました。

　2010年の2期目には，県政史上最高の42万票近くをいただきました。そして，8年間知事をさせていただいて，すでに滋賀県政の土壌改良はなされ，未来への種をまくことができたと判断をして，引退を決めました。次の知事は，本当は県民が選ぶのですから，何もいうつもりはありませんでしたが，相手方

155

第4部　現代に生きるレイチェル・カーソン

陣営は「嘉田は国のパイプがない」「水害が起きるのは嘉田のせいだ」「獣害が起きるのも嘉田のせい」「小学校の成績が悪いのも嘉田のせい」「原発反対政策はけしからん」と批判をするので，これは受けて立たざるをえないと思い，後継指名のようなことをさせていただきました。この選挙で一貫して訴えたのは「草の根自治」です。滋賀県が40年間独自にやってきたなかで，2006年の嘉田県政の誕生はライブリー・ポリティックスへの継承そのものでなかったかと評価してくださる学者もおられました。そして，選挙で県民からの支持をいただいたうえで，新幹線の新駅やダムの建設中止を実現しました。「卒原発」は，時間の針を過去に戻さないという立場であり，地域社会がエネルギー的に持続可能な方向へ今後シフトしていくべきという提案です。

　さて2点目の課題はなぜ学者から政治家へ転身したかについてです。私は埼玉県に生まれ，15歳の修学旅行で比叡山延暦寺や琵琶湖に出会い，こんな素晴らしいところに住んでみたいと思って関西の大学を選びました。大学に入ったらアフリカに行きたいと思い，入学後すぐにスワヒリ語を学び，アフリカの人類学の勉強を始めました。そこで前述の梅棹忠夫氏や米山俊直氏に出会います。人類誕生の地といわれるアフリカで，電気もガスもなく，文明とはかけ離れた世界で，人間はどう暮らしているのかを知りたかったのです。1971年，タンザニアの村で半年間住み込み調査をして，そこで発見したのが，水や土地や生き物や，まさに自然と共に暮らす生き方でした。1972年には『成長の限界』（ドネラ・H．メドウズ著）が出版され，地球規模の環境問題が社会問題化されました。

　私自身は1973年にはアメリカに留学し，命と環境問題への社会学的アプローチから勉強しました。そのとき，アメリカの指導教員から「水や大地を何千年も持続的に扱ってきたのは日本文明だ。日本こそ環境と共生型社会の見本であり，日本に帰って研究しなさい」とアドバイスを受けました。それで戻ったのが琵琶湖周辺でした。1974年には稲作農業で千年以上の歴史を持つ琵琶湖辺の農村社会の研究を始め，それらの成果論文により，琵琶湖研究所の研究職に採用していただきました。

　琵琶湖研究所時代には，「プロジェクト研究」として歴史学，社会学，人類学，民俗学などの異分野の研究者を組織化し，琵琶湖辺集落の水利用や漁業史，水

156

第11章　命にこだわる政治を求めて

害対策，観光開発等のテーマで進めました。そこから生まれてきた環境政策論
が「生活環境主義」という考え方です。当時は，水質汚濁には下水道建設を，
というようないわば工学技術を重視する「近代技術主義」が行政施策の中心で
した。それに対して，「琵琶湖総合開発反対」「ヨシ帯などの生態系の保全を」
という主張をする研究者や住民とが対立していました。これら反対者の論理は
基本的に「自然環境保全主義」でした。自然環境保全主義では，生き物のこと
を大事に，ヨシ帯を大事に，琵琶湖の生態系を大事にしようという考えが基本
です。ただ，いざ現場で永年生きていた地元生活者にとっては，「自然環境保
全主義」をそのまま受け入れがたい生活実感がありました。たとえばヨシ帯は
生活上の必要から毎年刈り取り，ヨシ帯に火入れをして活用するからヨシ帯も
健全，という実態があります。また，琵琶湖の魚は固有種としても生物種とし
ても大切ですが，食の対象でもあり，命をいただくのは人間の命を守るため，
という両義的な意味もあります。住民にとっては，ピュアな，生物学における
「生きものを捕獲するな」という主張は納得できません。

　そこで私たちは地元住民のみなさんの生活実践に即したかたちで，「生活環
境主義」という考え方を表明しました（鳥越・嘉田編 1984）。「個体としての魚
の命はいただくが，種としての命はながらえさせてほしい」。また「無用な殺
生はするな」と，古来からの殺生禁断の思想も含み込んで「魚の命に敬意を表
し，供養をしてから食す」という文化的伝統も尊重してきました。文化的な存
在である魚や生き物に敬意を表し，水使いも，井戸水や湧水など，身近な自然
の水を飲み水として活用するために，汚れものを河川や琵琶湖に流さないとい
う不文律のなかで「近い水」を守ってきました。ここに地域コミュニティによ
る伝統的用排水の自主管理の仕組みを発見してきました。下水道のような近代
技術に依存しつつも，伝統的な用排水の文化的仕組みも共に残していきましょ
うというのが，生活環境主義の考え方です。

３つのもったいない──**税金の無駄遣い，子どもが生まれない，琵琶湖の破壊**──
　「ライブリー・ポリティックス」の実現には，若者や女性の感性が重要とな
ります。物質循環に依存した科学的な知識とともに，環境にかかわる感性を大
事にする人が政治の世界へ入っていかないと，実はどんどん理屈で破壊される

というところがたいへん気になっていました。そして，やむにやまれず，滋賀県の未来を考えて，知事選挙への出馬を決意しました。インタレスト・ポリティクスのなかで止められない高コスト体質の公共事業。いったん走り出したら止められず，高額投入を続け借金財政を招き，次世代へつけ回しをする大型公共事業重視の政治に怒りがつのっていました。

人口減少問題に対しても，政治家がほとんど動いていませんでした。すでに1975年から日本は人口減少が始まっていたのですが，政府や政治が動かなかったのです。日本は人口減少問題に対して欧米諸国と比べると1世代，対策が遅れていたのです。ようやく，たとえば数年前の全国知事会で私自身，委員長として強く主張して人口減少の問題が取り上げられました。なぜなのか？　家族の問題や女・子どもの問題に，わざわざ行政や政治が声をあげる必要はない，というのが永年のインタレスト・ポリティクスを主導してきた政権与党の本流の人たち（多くは男性）の考え方でもありました。たとえば民主党政権時代の子ども手当てのときに，「子どもは家族が面倒をみるもので，社会ではない」という国会での議論がありました。ここから，経団連的男性経済人，中高年・家父長世襲政治家には，若者や女性が抱えている子育て・高齢者介護などの実態が見えていないことがよくわかります。いまもまだ十分に見えていません。だから，女を「生む機械」と呼んだり，あるいは女性の参画は経済的に得をするという表現をしたりするのです。経済の活性化の手段として女性を利用するのではなく，もっともっと，女性の自己実現や男性の子育て参加，人間らしい家族生活を保障するために，男女ともに，また子どもも含めて，みなが幸せになる，そういう政策を考えないといけないと思いました。家族を持って，子どもを育てて，孫と暮らしたいという願いが当たり前に満たされる社会に対する政治家の感性があまりに鈍いのです。

私自身は研究者の仕事をしながら2人の息子を育て，2006年の選挙のときには3人目の孫が生まれたことで背中を押されました。「おばあちゃん，あんたらの未来のために頑張るわ！」と。一方で，琵琶湖総合開発等による琵琶湖の自然破壊というのもなかなか止まりませんでした。それで選挙のときに「税金の無駄遣いもったいない」「自然の恵みを壊したらもったいない」「子ども・若者の育つ力を損なってはもったいない」という3つのもったいないを社会問題

第11章　命にこだわる政治を求めて

化し，争点化しました。

　このもったいないという言葉は，金やモノを節約するという意味だけでなく，存在するものごとの本来の力が発揮されていない状態を心惜しいと思う，それが発揮されたらありがたいという意味です。ですからここにはリスペクト，尊敬の念が込められています。これは，アジア圏域に通じる仏教的な基礎信念だろうと思います。それは環境思想にも通じると思います。

　2006年の知事選挙のときには，選挙に必要なサンバンといわれる「地盤」「鞄」「看板」なしで，生活者感覚を活かした選挙を徹底的に行いました。たとえば，「ざぶとん会議」と名づけた集会では，行政用語や専門用語を排除して，暮らし言葉による会話で徹底的な話しあいをしました。

　振り返ってみると，新幹線の新駅やダムの建設でも，団体から出てくる要望は賛成陳情ばかりです。陳情のためにつくられた団体ですから当然かもしれませんが，政治のトップはそのような団体陳情に動かされがちです。ところが，現場に入っていくと住民の人たちの本音が聞けます。新幹線新駅のすぐ近くの地域でも「わしは新幹線なんか乗らへんわ。それよりも，うち孫がはやくできてほしい。結婚，子育てのほうを嘉田さん応援してくれよ」ということを直接いわれます。団体になると「形式的な言い分」が強調される。一人ひとりの想いや願いは捨てられてしまう，そのような社会意識のあり方を学者時代に学んできたので，選挙プロセスの政策づくりのなかでは，住民のみなさんの本音を反映できるようなマニフェストづくりを自ら進めました。

縦割り行政に横串をさした河川政策，子育て政策

　2006年の知事就任後，私は県民のみなさんの本音を聞いて，そして団体陳情型政治の言い分ではなくて，住民の生の声を聴いてきたので，徹底的にぶれずに政策実現にまい進できました。県職員も一緒に働いてくれました。特にいったん進み始めたダムや新駅など，公共事業の凍結や中止場面では職員がずいぶん苦労してくれました。財政難のいまの時代，何もかも住民要望で可能となるわけではありません。逆に「負担を受け止めて，我慢していただく」という行政・政治が求められています。そのようなときには，自分にとっては縁がないと思われる「遠い政治」を，自分たちの暮らしに「近い政治」へと変えていく

159

第4部　現代に生きるレイチェル・カーソン

必要があります。

　これに気に入らなかった方たちが，2014年の知事選挙で対抗馬を立ててきました。選挙では，軍艦に対して私たちは手こぎ舟といわれました。相手はたいへんなお金とエネルギーをかけて，国から200人もの国会議員が来ました。しかし，軍艦は石油がないと動きませんが，手こぎ舟はみんなの力があったら動きます。こちらは草の根ですから，まさにその気になったら，動けるのです。ですから，実はその40年前に武村氏が勝たせてもらった選挙と，2006年の嘉田選挙，そして2014年の選挙と，ある意味で瓜ふたつといえます。

　嘉田県政の成果ですが，財政健全化について，「税金の無駄遣いもったいない」という理念で，8年間に借金を900億円減らして，貯金を300億円増やしました。この取り組みのなかで，新幹線の新駅について，着工済みの事業でも民意の選挙で止めることができたというきわめて稀な例がありました。

　それから6つのダムの建設は結果的にいま，すべて止まりました。治水に対しては代替案を出しました。流域治水の考え方をおしだし「最悪の事態を想定して命を守る」水害対策を進めてきました。ダムなどの施設に頼る治水は一定程度の水害規模を超えると，後は「想定外」として手が打てません。滋賀県の流域治水政策では，最悪の事態を想定して，命を守る対策を優先させます。「溜める」「とどめる」「備える」などの複合的な政策を組みあわせて，たとえば森林保全や調整池等を用いて川のなかに多量の水がいかないように流域で溜めます。水防のポイントは暮らしの場所です。行政はついつい縦割りですが，横串をさして，一級河川だろうが下水道だろうが水の出方を見て，縦割りでこれはうちの権限ではないと逃げないでというのが，この流域治水です。土地利用の規制をして危ないところには建物を建てず，もし建てるのだったら，かさ上げには県の補助金を融通しますから，かさ上げして安全に暮らしてください，とリスク回避の方法，命を守る安全な住まい方やまちづくり政策を実現してきました。知事に就任直後に流域治水政策室をつくり，結果的には8年かけて，2014年3月にようやく全国で初めての「流域治水推進条例」ができました。私はこれが，勇退してもよいかなという1つの理由でもありました。

　それから人口減少リスクへの対応としての出生率の改善も成果がありました。「子どもによし」「親によし」「そして世間によし」という「子育て三方よ

し政策」で，結果的にはかなり改善されました。これも青少年部局，母子福祉部局を子ども青少年局として一元化し，そこに若者雇用政策もつないで，切れ目のない子育て・若者政策を実現してきました。結果，人口1000人当たりの出生率は9.5人で沖縄に次いで全国2位です。また子どもの数が減少する時代ですが，人口当たりの子どもの数も沖縄に次いで全国2位に回復しました。この8年間の滋賀県の子育て政策は，それなりの成果を数字としてもあげていると思います。

琵琶湖政策は生き物が命をつなげる環境づくりを原点に

環境汚染や環境破壊の問題というのは，リスクを科学的に正しくアセスメントをして，正しく知らせて，自助・共助・公助の多重防御の仕組みをつくるということが肝要です。ところが，リスクを公表すると人心を混乱に貶めるという強い批判があります。「住民には知らしむべからず，由らしむべし」このような古典的な意識を持った政治家はいまもとても多いです。

私自身は，行政は環境破壊や災害のリスクは事前に徹底して調べ，それを住民に公表することで，官民連携の協働的な命の保全政策を進めたいと思ってきました。その典型が先ほどの「水害リスク」を公表した「流域治水条例」であり，後に述べる放射性物質の拡散シミュレーションです。また琵琶湖についても，生態的リスクを共有しながら，多部局が横つなぎをして手を打つ方法をとってきました。

実は戦後の琵琶湖政策は，生き物にとって受難の歴史でもありました。1点目は戦中・戦後にかけての食糧生産のための琵琶湖に付属する内湖の干拓や埋め立てで，魚介類の産卵場が失われました。2点目は琵琶湖総合開発政策でここでも生態系破壊が進み，生き物が住みにくい琵琶湖になってしまいました。3点目は人工的に持ち込まれた外来魚の増大です。

琵琶湖の3つの受難によって分断された水域と陸域を見て，圃場整備前に琵琶湖と内湖・田んぼを行き来していた魚を呼び戻そうという「魚のゆりかご水田プロジェクト」に取り組みました。これは，1990年代の琵琶湖博物館時代に私自身が研究者として提案した「水田総合研究」の成果を政策に生かしたものです。それから，いったん干拓化された内湖をまた元に戻すという「内湖の再

第4部　現代に生きるレイチェル・カーソン

生」政策にも取り掛かりました。また上流の水源となっている森林保全のために，トチノキの巨木などの伐採を防ぐ「巨樹・巨木保全事業」にも取り組みました。湖辺から河川，そして森林まで，流域全体がつながる保全のためには，環境，農業，林業，水産など多部局の政策に横串をさす仕組みづくりが必要です。知事主導で，滋賀県ならではの流域全体の保全政策は全国的に見ても先駆的な仕事になったと自負しています。

　また原発のリスクについて，県独自にシミュレーションを行いました。2014年の選挙でも，被害地元として，県民のみなさんに「卒原発」政策を支持していただいたのは，こういうデータを繰り返し行政が出したからだろうと思っています。つまり，県民の方々に環境リスクをあらかじめ知ってもらい「自分ごと化」してもらって意識形成をしていただいたということです。大飯原発から京都府庁や滋賀県庁へ行くほうが，福井県庁へ行くよりも近いのです。そしていま，放射能の生態系への影響を調べています。最終段階の外部被曝，内部被曝を含めて，琵琶湖研究所の後継組織である琵琶湖環境科学研究センターでこれを進めています（嘉田 2013）。

おわりに

　カーソンは環境と人間のかかわりを，生き物の生命活動への共感と気づきとして私たちに伝えてくれました。実は日本やアジア地域には，「一寸の虫にも五分の魂」という生き物信仰が根づいています。この信仰の根幹には「草木虫魚悉皆成仏」という考えが潜んでいます。人類学の岩田慶治氏は，山河大地，草木虫魚として私たちを取り巻く，そのなかからカミとしての姿が生まれ，そのカミを訪ね，カミと出逢うためには，自然に対する原始の感情を持ち続けること，宇宙に開かれたカミの窓を持つことが重要と説いています（岩田 1973）。

　私は日々，琵琶湖と比叡山を眺めながら，琵琶湖畔で生まれ育った伝教大師がなぜ比叡山延暦寺を開き，薬師如来をご本尊としてお納めしたのか，歴史的なイメージを描きながら，次世代に伝えたいと思っています。薬師如来は，東から昇る朝日が水に照り映える瑠璃光を受けてその力をあらわすといわれています。比叡山の東にある琵琶湖はまさに比叡山のご本尊の薬師如来を照らす瑠璃光の源なのです。「近江のうみはうみならず　天台薬師の池ぞかし」と平安

第11章　命にこだわる政治を求めて

時代の「今様」(はやりうた) にうたわれたように，聖なる湖である琵琶湖から
あらわれた「湖中出現の薬師如来」をご本尊とする天台のお寺も複数あります。
　私自身はかねがね，環境問題の改善には，物質の仕組みを理学・工学的に制
御するハードウェアと，経済や法律を制御するソフトウェアに加えて，人々の
精神や魂から溢れ・支えられるハートウェアが必要と説いてきました。草木虫
魚が住まう琵琶湖が命の水源として，関西全域のみなさんの暮らしをお守りし
ていることを心に刻みながら，草木虫魚の存在にカミを見る日本的価値観と，
カーソンの「センス・オブ・ワンダー」の思想はどこかで切り結ぶところがあ
るかもしれません。今後の研究課題でもあります。
　若いみなさんがインタレスト・ポリティックスのような視野狭窄に陥らず，
生と生命のライブリー・ポリティックスのなかで，他人ごとの政治を自分ごと
として取り入れてくださることを期待をしています。みなさん自身の生活も，
周りの環境も，そして未来の暮らしも見えないところで政治が大きな影響を
持っています。いま何を決めるかが，何十年も先のあなたの人生を規定してく
るかもしれません (嘉田由紀子＋未来政治塾編 2013)。
　政治は未来をつくるものです。みなさんの未来に政治はかぎりなく大きな影
響を及ぼすことは確実です。2016年夏から，18歳選挙権が認められます。若い
人たちが政治的関心を高め，よりよい社会を自らの手でつくり上げていく気概
を持ち続けていただくことを期待しています。

＊参考文献
　岩田慶治，1973，『草木虫魚の人類学』淡交社.
　嘉田由紀子，2012，『知事は何ができるのか──「日本病」の治療は地域から』風媒社.
　嘉田由紀子，2013，『命にこだわる政治をしよう』風媒社.
　嘉田由紀子＋未来政治塾編，2013，『若手知事・市長が政治を変える　未来政治塾講義Ⅰ』
　　　学芸出版社.
　上遠恵子，2014，『レイチェル・カーソン──いまに生きる言葉』翔泳社.
　篠原一，1988，『篠原一の市民と政治・5話』有信堂.
　関根英爾，2013，『武村正義の知事力』サンライズ出版.
　鳥越晧之・嘉田由紀子編，1984，『水と人の環境史──琵琶湖報告書』御茶の水書房.
　メドウズ，ドネラ・H. ほか，1972，大来佐武郎監訳『成長の限界──ローマ・クラブ「人
　　　類の危機」レポート』ダイヤモンド社.

163

第4部　現代に生きるレイチェル・カーソン

■ レイチェル・カーソン日本協会会員からの感想

　現代は，カーソンの時代と異なり，農薬等の化学物質による自然環境の汚染のみならず，身の回りに満ち溢れた電子機器等による便利で快適な社会では，生活環境にも悪影響を及ぼしていると思います。そのような便利さ，快適さを与えてくれる事物の裏側では，環境を破壊し，人々の心身の健康を蝕んでいるのではないでしょうか。

　科学を否定するつもりではありませんが，科学の進歩，発展は，目覚しく多岐にわたり，多くのもの（農作物，魚やその他の生きものまでも）が，人為的に人間に都合良くつくり出されています。ですが，それが人々に本当の幸福をもたらしているとはいえません。それゆえ，この辺りでカーソンの提案する「べつの道」を選択するときに来ているのではないかと思います。

　人間としての根本的な力を活かし，真に自然があたえてくれる恵のみで生きることが最も理想的に思えます。これからは，自然からの語りかけをもっと聞き取れる感性を持ちたいと思えます。

　学生たちのなかには，最初はこの授業に戸惑いを覚えておられる方もあったようですが，回を重ねるごとに理解を深められ，多面的に考えられるようになられました。何事も一歩一歩進むものであり，まずは関心を持ってもらうことが大切であると感じさせられました。私自身も，もっと広く深く学ぶと同時に多くの人たちにカーソンの思いを発信せねばと思います。

　授業の最後のグループごとの発表では，グループの代表の方がみなの考えをまとめて述べられる力は素晴らしく鍛錬されていると思いました。これは一人ひとりがその力をお持ちだということだと思います。この発表の発言者や順番を村上さんが一方的に指示するのではなく，学生たちに聞いて決めておられました。初めはまどろこしく感じていましたが，学生たちの自主性を尊重されていることだと納得しました。サポートされた３人の学生も，受講生たちの考えを深めるためにとても効果があったと思います。

　今回このような場で，若い方々と共に学ばせていただき，楽しくよい経験となりました。この学びを通して，生命あるものすべてがよりよく生きられる地球になることを願います。ありがとうございました。

【新井澄江＝レイチェル・カーソン日本協会関西フォーラム会員】

第5部———「レイチェル・カーソンに学ぶ」
　　　　教育実践の成果と課題

第12章　教育実践の成果と評価

村上紗央里

　本章では，これまで見てきた教育実践を受け，学生がどのような学びと成長を見せたのかを論じることとします。本章の背景として，大学教育におけるアクティブ・ラーニング型授業の広がりがあります。本章では，このアクティブ・ラーニング型授業の展開を公共政策学教育と結びつけて示し，続けて実際の授業実践に即して，学生の学びと成長の姿を明らかにしていきます。ここでは，最終課題レポートに記された学生自身の声を取り上げます。そして，本授業実践のなかで学生が学んでいく様子を紹介し，こうした能動的な学びのなかにある価値を感じ，読者の方々自身にも本書での考えや知識を応用していただけたらと考えています。

■ 環境問題への多様なアプローチからの学び

　本授業実践は，**第2章**で示したように，カーソンや環境や環境問題に関する幅広い学際的な知や多様なアプローチについて領域横断的に触れながら考えることのできる機会，アクティブ・ラーニング型授業として互いに自分の意見を言いあえる場，そして環境や環境問題と学生自身の生活や人生とを結びつけられるようにすることを意識してきました。本節では，学生に提出を求めた最終課題レポートをもとに，この授業のなかでの学生の学びと成長を示していくこととします。最終課題レポートは，成績評価の対象としており，2014年度は25名，2015年度は20名からの提出がありました（最終課題レポートについては，2014年度には開講初年度であったことから，学生が講義のなかで何を学びとしているのか具体的に問うため，①講義内容での学び，②グループワークでの学び，③グループで

第12章 教育実践の成果と評価

のポスター発表の進め方，④どのように環境と共に暮らすか，についてそれぞれ記述するよう求めました。2015年度は前年度の成果をふまえ，改善を図り，教育目標との関連を問うことにしました。教育目標を具体的に示しながら，「自分たちの暮らしをどうしていけばいいか」を問いました）。

　本授業実践では，研究者，政策担当者，実務家といったさまざまな立場のゲストスピーカーが登壇し，学生は環境問題に対する多様なアプローチ，そしてその背景にある価値観に触れました。そのなかからどのようなことを学び取っていったのか，実際の学生のレポートの記述を見ていきたいと思います。

　　環境問題とひとくくりでいっても，問題はさまざまであり，アプローチの仕方もさまざまだということを学んだ。公害をふまえてのアプローチであったり，地球が抱えている問題を通してのアプローチであったり，さらには食からのアプローチも可能だ。それは地球にやさしい食材を扱うことによって，よい環境がさまざまなところで生まれるというアプローチである。たとえば，環境被害を出す農薬を使用しない食材は人間の体にもよく，環境も汚さずに済んでいる。少し値は張るが，食からのアプローチの１つとしてオーガニック食品を購入してみるのも環境活動の一環である。このように一見関係なさそうなことでもアプローチとして十分成り立つこともある。新たな視点を学べたことで，今後の課題解決のキーワードにつながればよいと思う。（Aさん＝2015年度受講生／政策学部３年）

　　この講義では，さまざまな立場の方々にそれぞれの環境問題に対する取り組みについて，また環境問題へのかかわりについてお話しいただいたが，みなさんやはり自分なりのそれぞれの環境問題に対する問題意識を持って，実際にアプローチをしていらっしゃると思う。
　　そのきっかけは食に関する興味であったり，自然のなかで遊ぶのが大好きだからということ，また自分の夫の命を奪われた悲しみからであったりと，もうさまざまだ。いままで私は，環境活動というと，ロビー活動やボランティア活動のようなイメージを持っていた。しかしこの授業を通して，そういった活動形態から考えていくのではなく，まず自分自身の持つ問題意識を大切にするのがいいのではないか，と思うようになった。
　　本当に小さな問題意識でも，ちょっとした小さな行動には必ず結びつく。また，環境と自分たちの生活というのは本当に密接にかかわりあっている，というより環境は自分たちの生活そのものだといっても過言ではないのだが，普段の生活でずっと意識することは難しいように思う。だからこそ，無理なく行えるオーガニック製品やフェ

167

第5部　「レイチェル・カーソンに学ぶ」教育実践の成果と課題

アトレード商品は高いから買わない，特に興味がない，という考えにとどまっていた。しかし，考え方を変えると，そういった商品を選ぶことは，決して環境のためになるのではなく，自分のためになるのだということである。

　また無農薬でコットンをつくることは，私たちの肌を守ることにつながる，虫を殺すための薬，薬剤は私たちを殺すことにもつながる，大量のゴミを大量に排出し続け，ゴミ処理を怠るといつかは私たちの住む場所はなくなる，このように考え方を変えていくと，環境と私たちは一体であることがわかってくる。環境に配慮することは，自分の身体に配慮することだ，そう考えることができるようになったことが，これからの自分のアクションに必ず影響を与えるだろうと思っている。（Bさん＝2015年度受講生／政策学部2年）

　多様な視点からの授業を提供することで，環境問題が自分たちとかかわりのない問題だと考えてきた学生から，身近な問題への関心を引き出すことができました。環境問題が自分自身の生活に直接かかわっているという考え方の変化がありました。

環境問題を多様な視点やアプローチで認識する

　学生たちは，さまざまな視点や多様なアプローチから多面的に環境問題を考えることが大事だと気づいています。その姿勢は，さまざまな問題が複雑に絡みあう環境問題を考えるうえで，非常に重要なものです。環境問題は，一面的な見方では解決できないこと，身の回りのあらゆることにかかわっているといったことに気づき，環境問題への多様なアプローチの意義を認めるに至っています。

環境問題へのアプローチの関連性への気づき

　さらに，多様なアプローチが互いに関連しあっていることにも，学生たちは気づいていっています。それまで環境問題へのアプローチとは考えていなかったことが，実際には環境問題に取り組むアプローチの1つであると気づいたり，別々に進められている取り組みが実は結びついていると気づいたりしていって，多様なアプローチのなかにある関連性にも目が向けられていきました。環境問題のような社会問題では，アプローチが多様であるだけでなく，多

様なアプローチが連携していくことで問題の解決に効果を発揮することができると理解し始めています。

自分自身の考えやアプローチを考えていく

そして，社会問題とそのアプローチに目が向くだけでなく，実際に環境問題へアプローチすることについても考えられています。学生たちは，自分の身の回りのこと，ちょっとした小さな問題が環境問題とかかわっていると気づいていきました。そうした気づきとともに，自分が環境問題とどうかかわるのかを問うていく，自分自身の環境問題へのアプローチを問うていく姿が見られます。

自分と環境問題を結びつける

自分にも関係があるという認識を持つようになると，講義への姿勢も変わってきます。「自分にも関係があると考えるようになってから，しっかりと聞こうと心がけるようになった」といった別の学生からの感想に見られるように，環境問題という身近でありながら複雑な社会問題に対して自分自身の問題意識を持つことは，市民としてこの社会で生きていくうえでとても大切です。そうした環境や環境問題を自分自身と結びつけていくことが，本授業実践の目標でした。自分自身の問題意識を持つということは，当事者意識を持つということです。

これまで多様なアプローチからの学びについて見てきましたが，公共政策学教育において重要となる「主体的に考える力の育成」という点では，そうした力の土台となる態度として，当事者意識があると考えられます。環境問題をはじめ社会問題を自分ごととして引きつけて捉えていくことから，主体的に考えていくことができると考えられるからです。そうしてこそ，問題の本質を考え続けることができるでしょう。

本授業実践の特色である多様なアプローチによる学習の機会は，学生が環境問題へのアプローチの多様性に気づくこと，そのアプローチが関連しあっていることに気づくこと，自分の身の回りのことと関連していると気づくこと，自分自身の考えやアプローチを問うこと，自分と環境問題のかかわり方に対して

第5部 「レイチェル・カーソンに学ぶ」教育実践の成果と課題

当事者意識を持つこと，といった学びと成長につながっていくことが示されました。さらにこうした学びは，学生どうしのグループワークのなかに，ゲストスピーカーやカーソン協会の方々が入ることで生まれていきました。学生相互のかかわりだけでなく，異なる世代の方々とのかかわりによって，価値観の広がりや異なる視点を獲得することにつながりました。

❷ アクティブ・ラーニングからの学び

　本授業実践では，アクティブ・ラーニング型授業として，毎回の授業ではゲストスピーカーからのレクチャーの後，自分の考えをワークシートに記述しました。それをもとに，グループワークで感想や疑問点など，それぞれの考えについて出しあいました。さらに，グループワークで話しあわれた内容を，各グループの代表者が発表し，教室全体で共有しました。このグループワークには，2014年度にはカーソン協会の方々，2015年度にはこの方々に加えて前年度の受講生の学生スタッフが参加し，ファシリテーターを担いました。このことによって，ゲストスピーカーや学生相互の関係だけでなく，さまざまな他者とかかわることができる機会ともなりました。こうしたアクティブ・ラーニングを促すはたらきかけのなかから，どのようなことを学び取っていったのか，実際の学生のレポートの記述を見ていきたいと思います。

　　講義での自分なりの学びを，グループワークを通じて他の人に伝えることで，思考の言語化ができ，ただ座って話を聞いているよりもはるかに理解が深まりました。（中略）これに加え，グループワークで他の人の話を聞くことで，さらには自分の話にフィードバックをもらうことで，独りよがりで視野が狭くなるのを防げた気がします。（Cさん＝2014年度受講生／政策学部3年）

　　グループワークで事前の知識がある人とない人が上手く混ざりあって，知識を持っている人からはその知識を教えてもらい，知識のない人も自分の感覚で環境について話し，お互いがお互いのことを思いやりながら話を進めることができた。このときは，やはり講義を聞いているよりも主体性を持って環境のことを考えることができ，深く理解することができたように思う。（Dさん＝2014年度受講生／政策学部3年）

第12章　教育実践の成果と評価

　　グループワークは，自分の視点とはまた違った視点からの意見を聞くことができ，自分のなかでの視野が広がった。さまざまな意見を取り入れることによって，はじめに考えていた自分の意見から変わることも多く，グループワークによって理解を深めることができた。またカーソン協会の方々にもグループワークに参加していただくことで，普段からその問題を考えている方々の意見はとても参考になり，勉強になった。一人の考えでは出てこない発想も，グループワークによって生まれてきたりするので，グループワークの大切さに気づくことができた。（Eさん＝2014年度受講生／政策学部3年）

　まず，自分とは異なる意見に出会えたことの学びについて多くの感想が見られました。自分と同じ立場の学生が自分とはまったく異なる考えを持っていることに驚いたり，自分とは違う視点や意見に刺激を受けたりしながら学んでいった様子が見られます。また，ゲストスピーカーや同世代の学生との交流だけでなく，コーディネーターやカーソン協会の方々，学生スタッフなど，他者とのかかわりからも自分とは異なる意見や考えに出会うことができました。そうした異なる意見や考えに触れることで，知識の意味について理解を深めたり，自分の意見を考え直したり，時には修正したり，ものごとを捉える視野が広がったりしていきました。

　この授業のワークでは，一人ひとりが自分の感じたことや考えたことにもとづいて発言ができるよう，ワークシートには質問を設けてあらかじめ記入することを求め，グループワークのときに役立てられるようにし，グループワーク時にはそれぞれの発言を促しました。いきなりグループワークを始めては，学生が自分の感じたことや考えたことを発言しにくいだろうと考えたからです。アクティブ・ラーニングで自分の考えを出していくことは，学生にとって有意義ですが，それには**第2章**で見たような相応の準備が必要です。自分の考えを言葉にしていく準備を経て発言しあうことで，学びあいが深まったと考えています。また，グループワークを複数回行うなかで，こうしたスタイルに慣れていなかった学生も徐々に適応し，次第に自分の考えを発言するようになっていきました。

　アクティブ・ラーニングでは，自分の考えを外に出していくことが軸となります。そして，他者もまた自分の考えを出していきます。自分も他者もお互い

171

第5部 「レイチェル・カーソンに学ぶ」教育実践の成果と課題

の価値観に立って，それぞれの考えを出しあって学びあい，そこから知識や内容への理解，考えの深化，価値観の認識や形成といった学びが見られたといえるでしょう。複数の異なる考えに触れることは，一人ひとりの価値観に触れることになります。それぞれの異なる環境のなかでつくられてきた価値観に触れることで，学生自身が自分の考えを捉え直し，さらには，自分の価値観についても自覚したり，再認識したり，あるいは形成していったりすることにつながります。

グループワークでの様子とそこからの学びを伝えてくれる感想を最後に示しておきます。

　一番刺激を受けたのが，講義の最後に毎回設けられる学生どうしの意見交換や発表でした。同い年や，年下の人たちが自分よりもずっと環境問題について考えていて，自分の意見を持っている，そのことに驚かされ，自分が情けなくなったりもしました。しかし，自分と同じ立場の彼らの意見はいつも新鮮で，スッと頭に入ってきました。また，誰かが何気なく発した私の意見に食いついてきてくれることもあり，自然と議論に入り込んでいたことも何度もありました。同年代の人たちと一緒に環境問題に対して取り組めたことが私にとって一番の学びになりました。（Fさん＝2015年度受講生／政策学部4年）

❸　レイチェル・カーソンの『沈黙の春』と『センス・オブ・ワンダー』からの学び

本授業実践では，カーソンの著作やその生涯について学びました。多くの学生は，高校までの教科書のなかで取り上げられていたことから，名前を聞いたことがあると答えていましたが，その功績や社会に与えた影響についてはほとんど知識を持っていませんでした。

まず，『沈黙の春』については，本授業実践を通じて，当時の農薬被害の甚大さやカーソンの警告によってその後の被害を抑えることができたこと，その一方で，人類が破壊的行為を続け，環境が破壊されていることを学んでいきました。また『沈黙の春』の警告は現代にも通じていて，原子力の問題を扱っていたこと，未来を見据える目を持っていたことを理解しました。実際の学生の

172

感想を見ていきましょう。

　　私は，この講義を受けるまで，レイチェル・カーソンという人を知りませんでした。講義を聴き，カーソンが『沈黙の春』を出版していなかったら，もっと恐ろしいことが起きていたのではないかと感じ，生きていくうえで「国が認めてやっていることだから，まあ大丈夫じゃないか」と思うのではなく，自分たちも本当に国が言っていることは正しいのか，自分たちにとって良いものなのか，を考え見極めていかなくてはいけないと思いました。（Gさん＝2015年度受講生／政策学部４年）

　　私が一番印象に残っているのは，レイチェル・カーソンの『沈黙の春』です。DDTをはじめとする農薬などの化学物質の危険性を，"鳥達が鳴かなくなった春"という出来事を通して，彼女が訴え続けたことで，危険な農薬を禁止することができたのだと学び，彼女に感銘を受けました。こうやって周囲に負けずに環境問題を訴え続ける人がいたからこそ，今の環境，また環境問題に対して考える人が増えたのは言うまでもないと思います。でも，その反面でまだ人間が他の生物や自然に対し破壊的行為を続けているのも現状であり，その結果，地球温暖化や放射能汚染など，拡大している問題は多いです。そこで，私は今の自分にできる環境問題への対策を最大限に行おうと思いました。私たち人間が気持ち良い環境で生きていくためにも，自分たちがまずは変わらないといけないのだと思います。今，日本でも世界でもいろんな環境に対する対策がなされていることを積極的に取り入れて，カーソンのように自分の行動で，いい意味で周りも巻き込んでいけるような存在になりたいと講義を受けて感じました。この講義を受けて改めて"環境とは何か"について考えることができたことはすごく良かったです。（Hさん＝2014年度受講生／商学部４年）

　学生は，単に知ることだけではなく，自分たち自身で考えることの大切さに気づき，自分自身の考えを見直し，自分自身の行動の指針を得ていく様子が見られました。このように，カーソンという人物やその著作に触れることを通じて，その考えや行動を自分自身の内奥から理解し，自分自身の考えや行動への示唆を得るという学びを深めています。

　次に，『センス・オブ・ワンダー』から学生たちがどのようなことを学び取っていったのかを見ていきたいと思います。

　　今回の講義のように，特に環境分野における専門家の先生方からお話を聞くのは，

第5部 「レイチェル・カーソンに学ぶ」教育実践の成果と課題

レイチェル・カーソンという人物とその思想も含め，たいへん勉強になりました。環境問題について得られた新たな気づきとは，環境問題を考えるうえでの当人の幼少期の原体験・原風景の重要性です。これはセンス・オブ・ワンダーを培うことといえるかもしれません。そして，これまでは本で読む程度の学びであったものが，実際に活動されてきた方々のリアルなお話を通すことで，より深い理解と共感を得ることができきました。（Cさん＝2014年度受講生／政策学部3年）

多くのテーマがあり，それぞれ学んだことがあったのですが，知識面と感性の面と大きく分けて2つ学んだことがあります。（中略）2つ目はセンス・オブ・ワンダーというキーワードに関することです。環境問題や社会問題に関して，私は頭で考えることが多かったです。もともと持続可能な社会をつくることにも，有名な『成長の限界』という本を読み，このままの経済では破綻するのではないかという抽象的な危機感から問題に関心を持ったという経緯もあるかと思います。しかし，「環境問題がなぜ問題なのか」は，自然が壊れることが悲しいから，自然が壊れること，汚染されることにより多くの人が環境の変化にともない犠牲になるのが悲しいから，なのだとあらためて感じました。私は今後も環境問題に取り組みますが，その原点として身近な感性をもっと大事にしようと思いました。（Iさん＝2014年度受講生／経済学部4年）

第1に，「センス・オブ・ワンダー」を理解し，幼少期の原体験・原風景にもとづいて環境問題を考えていくこと，自分の感性で環境問題を捉え，取り組んでいくことを考えている感想が見られました。幼少期の原体験・原風景というまさにいまの自分自身をかたちづくってきたものに立ち返ることで，単に頭のなかで考えることを超えて，自分の感性にもとづいて考えていくことの意義が見出されています。

センス・オブ・ワンダー＝神秘さや不思議さに目を見はる感性，というお話を聴いて，最近そういう感性を持っていなかったなと感じました。赤ちゃんの頃から犬や猫と生活すると命を大切にする子どもに育つという話を聞いたことがあるのですが，このことと同じで，子どもの頃から自然に触れて育つことで自然を大切にする人になると思います。子どもたちが，みな自然に触れながら育てるような環境ができていくとよいと感じました。レイチェル・カーソンについての講義を聞いて視野を広く持つということを学び，また各講義のなかで行うグループワークで同じ講義を聴いていても思うことや着眼点が異なることを実感し，ひとつの視点だけでなく，いくつも視点を持てるようにしようと思いました。（Gさん＝2015年度受講生／政策学部4年）

第12章　教育実践の成果と評価

　以前，『センス・オブ・ワンダー』の日本語訳を読んだことがあったというのもあり，実際に生で翻訳者の方にお会いできたことは，自分にとってたいへん貴重な機会だったと思う。上遠さんの語る言葉の１つひとつから，自然の豊かな様相を想像することができ，話に引き込まれた。レイチェル・カーソンが住んでいたメイン州の森林や海の偉大さと神秘さが上遠さんの視点を交えて感じることができた。お話を聞いた後も，しばらくその余韻が抜けることはなかった。

　上遠さんのように，自然を愛し共に生きようとする人は，自然だけでなく「人」に対しても優しい影響を与えることができるのではないかと感じた。率直に，自然を大切にする生き方を実践している人を尊敬する。いまの自分は，上遠さんのレベルには達していない。しかし，この講義をきっかけに自然の小さな移ろいや変化により敏感になってみようという気概が生まれた。その日の帰り道は，出町柳の鴨川付近で山や川を眺めた。いつもは自転車ですっと通り過ぎてしまうだけの道だったが，立ち止まってみると，山の木々が色づき始めていることや，シラサギが飛んでいたこと，川の流れる音がしていたことなど，多様な自然の動きを感じることができた。毎日ではないが，意識的にのんびりと自然と向きあう時間をつくりたいと思った。（Ｊさん＝2015年度受講生／政策学部４年）

　センス・オブ・ワンダーは，最初自然に対しての考え方であると思っていたが，社会や生きていくうえで必要な考え方であると理解が変わりました。特にどんな些細なことに対しても疑問を持ち，そのことが真実であるかを見極めることなど，現在のネット社会や情報社会となった私たちにとって本当に重要なことであると感じる。またそうした考えを何十年も前から教えていたレイチェル・カーソンは凄い人物であると思った。（Ｋさん＝2015年度受講生／政策学部４年）

　第２に，「センス・オブ・ワンダー」を自分自身に引きつけて考えていく感想が見られました。学生たちが大人になった現在の自分にとってこそ，何気ない自然に目を見はる感性の大切さに気づいたことが示されています。そして，「センス・オブ・ワンダー」が，自然と人，人と人，自然と社会とさまざまな周囲との関係を理解するのにかかわっており，その大切さに気づいていることが示されています。そして，「センス・オブ・ワンダー」を，大人としての現在のあり方にかかわっていると，広く，また深く理解していることが示されています。

　このように自然と自分との関係，さらには人と人との関係や社会との関係に

第5部 「レイチェル・カーソンに学ぶ」教育実践の成果と課題

かかわるものとして深く理解していくことで、実際にそうした関係をどのように
つくっていくかということへの考えが深まっていると考えられます。「セン
ス・オブ・ワンダー」への理解が自分自身の生活や人生のなかでの考えを深め
ることにつながるといえます。

　　私は自分の将来を考えるにあたり、自分が今後働きたいと思う場所（働きやすい場
　所であったり、やりたい仕事がある場所：都心）と子どもを育てたいと思う場所（郊
　外の自然豊かな場所）は一致しないということを常々感じていた。結局は、自分の仕
　事や経済性を重視し、家庭も都心に持つことを選ぶだろうと考えていた。しかし、こ
　の授業を通して、幼少期に"センス・オブ・ワンダー"を育てることがいかに重要か
　ということを学んだ。幼少期の自然とのふれあいの経験は何事にも代えがたいもので
　あり、その人の生き方に大きく影響するものである。最終的に人工的な豊かさを重視
　するか、自然的な豊かさを重視するかということは子どもの価値基準に任せるが、少
　なくとも自然的な豊かさに気づける感性を養うための環境は親として用意したいと思
　う。（Lさん＝2015年度受講生／商学部2年）

　第3に、「センス・オブ・ワンダー」を深く理解することは、さらに発展的
な成果につながります。「センス・オブ・ワンダー」を応用したり、たくさん
の人へ広げていくことが必要な概念として理解しています。他の受講生の感想
では、別の授業と「センス・オブ・ワンダー」を関連づけて考えたり、また将
来自分が親になったとき、子どもに育んで欲しいものとして捉えているものも
見られました。

　先の感想にも見られましたが、関係性への深い認識に立って自分の将来に思
いを馳せていることも意義深いところです。『センス・オブ・ワンダー』をきっ
かけに、幼少期を振り返ったり、現在の大人（大学生）としてのあり方を考え
たり、さらには将来や生き方について考えたりしていきます。このことから
は、「センス・オブ・ワンダー」という概念は、こうした広がりをもたらす豊
かさを持ちあわせているといえるでしょう。

　「センス・オブ・ワンダー」そのものの理解は、翻訳者の上遠恵子をはじめ、
さまざまなゲストスピーカーからの講義によって深まりました。また教育手法
においても、毎回のグループワークのなかで学生自身が「どう感じたのか、ど

第12章　教育実践の成果と評価

う考えたのか」と，一人ひとりの感性に焦点を当て，問いかけるようはたらき
かけました。こうした働きかけによって，より明確に学生一人ひとりに適した
かたちで印象づけられたと考えています。

❹ 「自分ごと」として引きつけて考えたことからの学び

さらに講義内容への理解を深めていきます。本授業実践では，学生は多角的
な視点で問題を捉えたり，自分自身の感性にもとづいて環境問題を捉えること
ができるようになっていきました。本節では，個別の講義内容からの学びにつ
いて見ていきます。

環境汚染による人体や自然環境への影響

はじめに，水俣病について原強の講義（**第7章**）の感想を見ていきましょう。

　最も印象に残った講義内容は，水俣病に関する授業です。いままで，小・中・高と
学校の授業のなかで，水俣病やイタイイタイ病などのいわゆる四大公害病について，
歴史の一部として学んできました。しかしそれはあくまで文章，テキストとしての知
識に過ぎず，その実態については，はっきりいうと何も知りませんでした。水俣病に
関する映像なども見たことはありませんでしたし，もはや過去のことであると，すで
に終わったことだと考えていました。
　今回，授業のなかで当時の記録映像を見ましたが，ものすごく衝撃を受けました。
当時の患者の様子や工場の景色などが鮮明に映っており，なかにはいまのドキュメン
タリーならば伏せられるような場面もありました。まだ水俣病の発生からそれほど
経っていない頃につくられた映像ということもあるのか，非常に現実感があり，一気
に水俣病がリアルなものとして感じることができました。よくよく考えてみれば，水
俣病が問題となってからまだ50年ほどしか経っておらず，当時の患者のなかには生き
ておられる方もいます。水俣病は歴史の教科書のなかの出来事ではなく，いまも続く
問題なのだと改めて気づかされました。特に驚いたのは，公害を引き起こした企業で
あるチッソの工場がいまだに水俣市に存在しているということでした。いまはもちろ
ん安全に操業しているのでしょうが，地元経済との関係など，複雑な問題があるのか
もしれないと思いました。公害問題は先ほども述べたように歴史上の出来事ではあり
ません。日本ではだいぶ少なくなったとはいえ，福島の原発事故など類似の問題はい
まも起きています。そして海外に目を向けると，お隣の中国ではいままさに，公害問

177

第5部 「レイチェル・カーソンに学ぶ」教育実践の成果と課題

題が深刻化しています。中国だけではありません，他の途上国でも今後同じようなことが起きるのは明白です。そのとき，かつて公害に直面した日本が，先達として，何ができるか，考えていかなければならないと思いました。（Mさん＝2015年度受講生／政策学部4年）

この学生の感想からは，水俣病というこれまでの学校教育で学んできたことについて，教科書のなかの問題（過去の問題）ではなく，現在に続く問題として深く認識をあらためたことが示されています。また，原発事故といった現在の問題ともかかわらせ，過去と現在をつなげて主体的に考えようとしています。このように環境や環境問題を適切に教育プログラムとすることができれば，主体的に考えるきっかけに結びつく可能性があるといえるのではないでしょうか。

続いて，ベトナム戦争の被害について語った映画監督の坂田雅子の講義（第8章）について感想を見ていきましょう。

一番印象に残っているのは，旦那さんを枯れ葉剤の影響で失われ，それを機に映画をつくっていらっしゃる坂田雅子さんのお話だ。途中，涙を浮かべながらお話をされていたのがとても印象的だった。辛い経験を私たちにお話ししてくださって，またご自身の経験を映画にされたということは，それだけ私たちのような学生やその他のさまざまな人に，枯れ葉剤のおそろしさを通して，地球環境のことを知ってほしいと思っているからではないだろうか，と感じた。

環境問題を深刻にしていくのも，よくしていくのも，私たち人間である。この講義を受けて，環境に対して，一人でも多くの人が現場を知って，自分にはどのようなことができるのかを考えていく必要がある，というふうに考えるようになった。（Nさん＝2014年度受講生／政策学部2年）

ベトナム戦争で農薬散布をした話のなかで，ベトナム戦争は終わったが，アメリカ軍の農薬散布により，当時戦争の最中にいた人や，その被害を直接受けていない次世代の人までも，病気に苦しんでいる様子や，実際に農薬を散布したアメリカ兵にも，同じような被害がいままで続いていることを知ることができた。これは，公害の授業でも同じような構造がとられていた。戦争や公害はまだ解決していない。問題自体は終わっても，問題の渦中にいた人々は時を経ても，精神的，肉体的にも問題を抱えていて，それは次世代にも影響を及ぼすことがわかった。目の前にだけ力を注ぐのではなしに，もっと未来や次世代について，想像力をはたらかせる必要があることを学ん

だ。（Oさん＝2015年度受講生／商学部2年）

　公害（水俣病）の学習と同じように，将来世代への影響について考えたり，将来世代への想像力をはたらかせることが必要であることを学んでいます。環境や環境問題を考えることで，過去の世代から学び，自分たちの世代だけでなく，将来世代への影響を考えるなど，幅広く時間軸を考えながら，社会を見つめる姿勢を身につける可能性を持つことが期待されます。

食にかかわる環境問題

　さらに管理栄養士として働く鈴木千亜紀の講義（**第9章**）からは，学生たちのなかに，食という生活に欠かすことのできないものから，自分自身の暮らし方を振り返り，主体的に考える姿勢も見られました。

　私たちの生活のなかで，食という必要不可欠なものから，環境問題を考えるのは，とても身近に感じることができ，勉強になりました。また，さまざまなレイチェル・カーソンについてのお話を聞き，私の環境についての意識も少しずつではありますが，変化したと思います。私は，環境問題について，いままで他人事のように感じてしまっていましたが，これからは自分も環境の一部だという意識を持って生活していきたいです。（Pさん＝2014年度受講生／政策学部3年）

　栄養士の鈴木千亜紀さんにお越しいただいた「食から環境教育を考える」の回が一番印象に残っています。特に，日本の食品廃棄量が日本人1人当たり毎日おにぎりを1〜2個捨てている量に換算できるという話は衝撃的でした。昨年の9月から一人暮らしを始めて，自分で食材の調達をするようになりましたが，慣れないうちは食材の管理はたいへんで時々使い切れずに食材を捨ててしまうこともありました。しかし，鈴木さんのお話を聴いて食料廃棄の問題は人ごとではないし，「この程度なら捨てても平気かな」という一人ひとりの何気ない考えがここまで深刻な問題を引き起こしているのかと驚きました。この講義以降，スーパーで安売りしているからという理由だけで食材を買う前に，「本当に必要か」を考えるようになりました。最近流行りの生産者の顔が見える野菜などは消費者に食材を無駄にさせない効果があるのではないかと思いました。
　食料廃棄の問題はとても身近なものですが，逆に考えてみると一人ひとりが意識することで解決できる問題でもあるということです。3月には実家に戻りますが，実家

第5部 「レイチェル・カーソンに学ぶ」教育実践の成果と課題

でも食材を無駄にしてしまわないように考えながら生活していきたいです。(Qさん＝2015年度受講生／他大学からの交換留学)

　環境や環境問題をめぐっては，本当に身近なところで自分が知らない，驚くような事実があります。学生にとっては，食品廃棄量についての事実が驚くべきものでした。そうした事実に直面して，自分自身の暮らしを振り返り，「普段食べているものを誰がつくったか，どこでつくられたか，どうやってつくられたかあまり知らないし，また知ろうとしていない」(別の学生の感想より)のではないかという問題意識につながっていきます。こうした問題意識をきっかけとして，日常生活での自らの行動に変化が起きるでしょうし，今後の暮らし方についても考えることがあるでしょう。

環境主体概念

　最後に，環境主体という概念(第3章)に関して，学生がどのようなことを学び取っていったのかを見ていきたいと思います。学生たちは，「センス・オブ・ワンダー」によって，それまで意識していなかったことを考えるようになっていきました。同様に環境主体という概念からも自分自身が環境と一体的にかかわっている存在だと深い気づきを得て考えるようになっていきました。実際の感想から見ていきたいと思います。

　この講義を通して一番印象に残ったことは，鈴木善次先生による講義です。「環境とは何か？」という根本的な概念からお話しされたことが非常にわかりやすかったです。いままで私が想像していた植物や自然といった環境ではなく，それらをすべて含めた「環境とは環境主体を取り巻き環境主体と関わり合う事物・現象」のすべてという言葉が私にとっては新鮮でした。しかし，環境主体と一口にいっても，あまりにもその対象が広過ぎることが自分のなかでははじめ疑問でした。その疑問に対しても鈴木先生は答えてくださり，環境主体の存在なくして環境は成り立たず，「誰々(何々)にとっての環境」というときの「誰々(何々)」に当たるという言葉にとても納得ができました。鈴木先生の講義は学びが多く，新しい考え方を発見することができてよかったです。また，「環境」という言葉についての自分のなかでの新たな定義から，環境とはいま私たちが生きている空間すべてなのだと考えるようになりました。(Rさん＝2014年度受講生／政策学部2年)

180

第12章　教育実践の成果と評価

　いままでは，環境問題というと，地球温暖化や大気汚染の問題は，大き過ぎる問題で，自分にはあまり関係のないことという印象がどうしてもぬぐいきれなかった。しかし，この環境主体という概念を知ることで，自分という主体が定まり，そこから年々気温が上がってきて夏場は暑い，また花粉やPM2.5の影響を受けているなど，やっと自分自身の問題として考えられるようになった。環境問題を考えることは大事です，というのは小学生の頃からいわれており，頭のなかだけでわかっている状態だったが，この概念によって，やっと自分の感覚で環境問題を捉えることができるようになったと思う。（中略）この授業を受けて，環境問題についての知識はかなり増え，また問題意識はかなり向上したのではないかと思う。受講中，身の回りの節電や，地域での清掃活動などに興味を持つようになった。また新聞の環境欄にも目がいくようになった。（Sさん＝2014年度受講生／政策学部3年）

　この授業を通して，いままで「環境」と聞いて捉えていたものとは違う捉え方をするようになった。環境は決して自分たちと切り離して考えることはできず，そもそも自分自身なのだと考えるようになった。自分を大切にするのと同じように，自然に環境を守っていくための活動ができればいいな，と考えられるようになった。（Bさん＝2015年度受講生／政策学部2年）

　環境を自分自身から切り離された外側の存在という認識から，自分たちと結びついているという認識，あるいは環境とは自分たち自身なのだという認識へ変容していきました。自分も環境であるということ，自分が環境に対して主体となるという，このような理解のもと，さまざまな環境や環境問題へ接近し，環境について主体的に考える姿勢が見られるようになりました。

⑤ 学生の学びと成長への考察

　本授業実践において見られた学生の学びと成長について考察したいと思います。これまでの章では，授業においてどのように教えるかということを説明してきましたが，ここでは学生がどのように学び成長したかを示したいと思います。大学生の知的成長の理論と本章で見てきた学生の学びと成長とを比べて考えていきたいと思います。

　大学生の知的成長の理論によれば，4つの段階があります。1つのものの見

第5部 「レイチェル・カーソンに学ぶ」教育実践の成果と課題

方や考え方に縛られていたり，何かしら正解のようなものに向かおうとしたりする段階，複数のものの見方や考え方があることを受け入れる段階，複数の見方や考え方を関連づけていく段階，複数の関連しあった考えのなかから自分の考えを選択して，自分なりの価値観を見出し，構築していく段階です（河井2014；Perry 1968［1999］）。

　続けて，本授業実践での学生の学びと成長に見られた構造を取り出してみましょう。

多様な視点やアプローチへの気づき

　環境や環境問題に対する視点やアプローチが複数存在すると認識することは重要です。環境への気づきがない，あるいは見過ごしてきた状態から，問題それ自体がさまざまな側面を持っていること，そして自分自身が多面的にそれに深くかかわっていることを理解し始めています。

多様な視点やアプローチの関連性への気づき

　環境や環境問題に対する視点やアプローチが複数存在するということを認識するだけでなく，複数の視点やアプローチがそれぞれかかわりあっていることに気づいていきます。たとえば，温暖化においては日常の暮らしと地球規模の問題とが関連していることがわかります。そして，複数の視点やアプローチを組みあわせて環境問題に取り組んでいくことが重要だと気づいていきます。

自分自身の考え方やアプローチを鍛えていく

　本授業実践では，環境や環境問題への多様な視点やアプローチが示され，他者からさまざまな意見が示されます。同時に，自分の考えを述べる機会が設けられており，自分の考えが何かということを考えていくことになります。他者との話しあいを通じて，自分自身の意見を見直し，整理する時間を持つことができました。新しい価値観や選択肢の可能性が広がっていくことになったのです。

第12章　教育実践の成果と評価

自分と環境とを結びつけ，その関係のなかで環境問題を考えていく

　この授業で大切にしていた視点は，自分自身と環境や環境問題を結びつけて考えていくようになってほしいということです。このとき，自分自身の感性や価値観について考えることになります。この点では，身近な環境問題を扱っていることで，自分自身に近いところから考えていくことができます。また授業内容として，「センス・オブ・ワンダー」や環境主体といった概念について理解していきます。それによって，自分が育ってきた環境を振り返ったり，自分自身の感性から環境を見つめたり，自分自身が環境の一部なのだと考えたりして，自分と環境との関係を考え，環境問題を考えていくことになります。

当事者意識を持って，環境や環境問題を主体的に考えていく

　環境問題について，自分の感性や価値観に立って考える態度を身につけ，自分と環境とを結びつけ，自分自身の日常生活や社会問題や自分と社会の将来について考えていくというかたちで，主体的に考えていく。そうしたあり方を，当事者意識を持って主体的に考えると捉えることができるでしょう。

　このように並べてみると，大学生の知的成長の理論において，複数のものの見方や考え方があることを受け入れる段階から複数の見方や考えを関連づけていく段階，複数の関連しあった考えのなかから自分の考えを選択して，自分なりの価値観を見出し，構築していく段階へと成長していくうえでのポイントが見えてきたように思います。1つは，学生が自分の考える対象（本授業実践では，「環境や環境問題」）と学生自身との関係について考えることです。

感性を練磨する

　最後に，自分の考えと関連づけるときに，自分の感性や価値観に立ち返って考えることが大切だということを強調しておきます。自分の考えと関連づけるといっても，どこかから借りてきたような考えと関連づけても，何も生まれません。さまざまな意見があるなかで「これが自分の考えだ」といえるような意見と関連づけていくことが大事です。そうするためには，自分自身が感じたことや考えたことを言葉にしていくことが第一歩になるはずです。さらには，なぜ自分はそう感じたのか，なぜそう考えたのか，と自分の感性を対象にして考

183

えていくことで，「これが自分の考えだ」といえるようになるのではないでしょうか。

　このように主体的に考えていくなかで，一人ひとりの環境や社会への感性も磨かれると考えています。感性に立って主体的に考えること，主体的に考えながら感性を鍛えていくこと，その両輪のなかで本質的な問題を主体的に考え続けていくことができると考えています。

　本授業実践は，そうした学びと成長の姿が垣間見えるものとなっていました。最後に**第13章**では，公共政策学教育の枠組から，本授業実践とそこでの学生の学びと成長を広く捉えていきたいと思います。

＊参考文献

　河井亨，2014，「大学生の成長理論の検討——Student Development in College を中心に」『京都大学高等教育研究』20：49-61.

　Perry, W. G. Jr., 1968 ［1999］, *Forms of Intellectual and Ethical Development in the College Years: A Scheme (2nd ed.)*, Holt, Rinehart & Winston ［Jossey-Bass］.

第13章 アクティブ・ラーニングによる 公共政策学導入教育の可能性

村上紗央里・新川達郎

　この教育実践は，同志社大学政策学部の政策トピックスという科目のなかで，レイチェル・カーソンや多様なアプローチから環境と環境問題を考えるアクティブ・ラーニングを促す実践でした。本授業実践の背景をなす動向に立ち返りつつ，本授業実践の意義について述べます。そして，本授業実践のなかで重点を置いた工夫について，今後の学習や教育実践に活かせる点としてまとめ，本書を締めくくりたいと思います。

🔳 授業実践の背景

　本授業実践は，第2章で述べたように，大学教育のなかの導入教育としての性格を持ち，アクティブ・ラーニングを促す教育方法によって進められてきました。また政策学部の科目として実施されてきたことから，公共政策学教育の一端をなしています。本節では，本授業実践と深く関わる①導入教育，②アクティブ・ラーニング，③公共政策学教育の動向について見ていきます。

導入教育

　導入教育は，高校から大学へ円滑に移行し，学業を含む大学教育全体へ適応することをめざす教育です（Upcraft et al. 2005 = 2007）。ユニバーサル化を早くから経験してきたアメリカの高等教育が，学生の多様化に直面した結果，導入教育の実践と研究は発展しました（山田 2005）。導入教育には，3つの側面があり，1つ目にレポートの書き方や文献の探し方，2つ目にコンピュータ・リテラシーといったスタディ・スキル，3つ目に一般常識や大学生に求められる態

185

第5部 「レイチェル・カーソンに学ぶ」教育実践の成果と課題

度や進路意識を含むスチューデント・スキル，専門教育への橋渡しとなるような基礎的な知識・技能の習得がめざされています（Upcraft et al. 2005 = 2007）。

日本の高等教育においては，導入教育・初年次教育が学士課程教育の基盤となっており，大学生活に移行する際の支援，基礎的学術技術（アカデミック・スキル）の獲得，キャンパス資源の活用とオリエンテーション，新入生のセルフエスティーム（自己肯定感）の向上といった目標に向けた実践が求められていますし，また各大学の教育課程において取り組まれています（山田 2012）。このような認識のもと，導入教育の実践において，さまざまなアクティブ・ラーニング型の授業が展開されています（初年次教育学会編 2013）。

本授業実践は，政策学部における導入教育ですので，大学生活への適応とともに公共政策学教育の基礎を学ぶという意味での導入教育の意味を持っています。したがって，アカデミック・スキルやスタディ・スキルあるいはスチューデント・スキルを身につけるとともに，専門教育に向けての関心の喚起や動機づけを行い，必要とされる基礎的な知識や態度を養うことがその目的となります。

アクティブ・ラーニング

次に，アクティブ・ラーニングが導入される背景について見ていきます。

アクティブ・ラーニングは，大学教育から社会へのトランジションの課題を解決するための手段の1つとして発展してきた教育手法で，日本の大学教育全体において推進されています。高等教育では，2008年，文部科学大臣への「学士課程教育の構築に向けて（答申）」において，「ティーチングからラーニングへの転換」がうたわれ，教員が何を教えたのかではなく，学生が何を学んだかが明確に問われるようになりました。それを受け，同じく2012年，「新たな未来を築くための大学教育の質的転換に向けて――生涯学び続け，主体的に考える力を育成する大学へ――（答申）」において，アクティブ・ラーニングが用語として初めて示され，大学教育のなかに取り入れて進めていくことが指針とされました。その後，2014年，「初等中等教育における教育課程の基軸等の在り方について（諮問）」においても，アクティブ・ラーニングの推進が掲げられるなど，大学教育にかぎらず，日本の教育全体で推進されています。

第13章　アクティブ・ラーニングによる公共政策学導入教育の可能性

　本授業実践においても，アクティブ・ラーニングを活用しています。環境問題や環境政策に関する学術的な知識や技術を伝えることはもちろんですが，それらを学生の学びとして定着させ，公共政策全般についてもまた環境分野についても主体的に考える態度を身につけるためには，アクティブ・ラーニングが有効だと考えたからです。そのために，講義による座学になりがちな毎回の授業に受講生の主体的な参加の機会を設けるとともに，15回の授業全体を通じて，討論する力，表現する力，チームをつくる力などを養うように工夫しています。

公共政策学教育

　公共政策学教育については，基準や標準の検討が重ねられており，公共政策学の目的とその教育研究上の使命がまとめられています（新川 2015；新川編 2013）。そのなかで，学士レベルの公共政策学教育は，市民としてのあり方を学ぶ市民教育の役割を担うものであり，また専門家育成のための基礎教育という2つの側面を持つものとして示されています。政策・制度の動きや政策形成過程に関する基本的な知識や方法論，理論の理解，実践に関する技術的知識の習得に加え，政策問題を主体的に考える力を育むことが求められています。

　こうした公共政策学教育における主体的に考える力とそれによって達成される深い理解を得るためには，アクティブ・ラーニング型の教育方法は重要な役割を果たすことが期待されています。このアクティブ・ラーニング型の教育方法によって，政策という現実社会のなかで機能している対象に対して現場感覚を持って実態に即して認識していくことが可能になり，より深い理解を達成することができると認識されていることから，政策系学部を持つ多くの大学で取り組まれています。

　政策系学部のアクティブ・ラーニングを多く取り入れている科目群としては，PBL，フィールドワーク，インターンシップ，社会実験，ケース研究あるいは演習科目や実習科目などが設置されています。これらの手法はもちろん他の学問分野でも活用されていますが，政策系学部でどのように活用されているのかを少し紹介しておきたいと思います。

　PBL（Project Based Learning or Problem Based Learning）とは，課題探究型学習ある

第5部 「レイチェル・カーソンに学ぶ」教育実践の成果と課題

いは問題発見・解決型学習とされており，受講生が政策問題の解決を主体的に
試みる学習法です。

フィールドワークは，受講生が主体的に政策の現場あるいは政策問題が発生
する現地においてその実情を学びつつ，政策問題やその解決方法を検討し，政
策研究への理解を深める学習方法です。

インターンシップは，政策問題に関係する組織や職場において学生が実地に
経験を積むことを通じて政策への学びを深める方法です。

社会実験は，政策問題への解決策を実験的に実施し，その仮説や理論を証明
するとともに，政策過程の実証的な学習を行う科目が想定されています。

ケース研究は，政策事例を取り上げ，その成功や失敗を検討するアクティ
ブ・ラーニング型の科目が想定されています。なお，実習科目もほぼ同様の意
味で使われているようです。

これらの科目は，専門教育だけではなく，むしろ導入教育においても活用さ
れていますし，そこでもアクティブ・ラーニングの要素が多いと学習効果が高
いと考えられています。公共政策学教育においては，アクティブ・ラーニング
は，導入教育，基礎教育あるいは専門教育などにおいて，名称の如何は問われ
ず大いに活用されている教育手法なのです。

2 授業実践の意義

本授業実践は，大学での初学者に向けた公共政策学教育の導入教育としての
位置づけを持つものとして実施されました。そして，導入教育としてのアク
ティブ・ラーニング型の授業によって，カーソンや環境や環境問題にかかわる
多様なアプローチと多角的な視点に学び，自分の考えと他者の考えを突きあわ
せたり，関連づけたりしながら学ぶことができるように授業デザインをしてき
ました。本節では，本授業実践において主題としたカーソンや環境や環境問題
についての学習方法の意義について，導入教育，アクティブ・ラーニング型授
業，そして公共政策学教育の3つの観点から述べていきます。

第13章　アクティブ・ラーニングによる公共政策学導入教育の可能性

導入教育としての意義

　本授業実践では，導入教育として，学問を通じた学びの基礎となる関心や態度を育むことをねらいとしてきました。具体的には，学生が多様な考えに触れながら，自分自身と他者の考えを関連づけ，そのうえで自分の考えを示し，自分自身の価値観を探り，かたちづくることを期待しました（河井 2014b；Perry 1968［1999］）。**第12章**で示したとおり，大学生の知的成長には，4つの段階があります。第1に，学生は1つのものの見方や考え方に縛られていたり，何かしら正解のようなものに向かおうとしたりしている段階，第2に，複数のものの見方や考え方があることを受け入れる段階，第3に，複数の見方や考え方を関連づけていく段階，そしてさらに次の段階として，複数の関連しあった考えのなかから自分の考えを選択して，自分なりの価値観を見出し，構築していく段階があります。

　本授業実践で，すべての段階を踏破することが可能であるというのは言い過ぎかもしれませんが，少なくとも環境と環境問題に関して，自分なりの価値観を見出し，自覚するという姿勢を身につけるという成長がめざされました。単にさまざまな考え方があるということに触れるだけでは，大学での学びとしては物足りないといわざるをえません。やはり，複数の考え方に触れ，それらを比較したり，突きあわせたり，関連づけたりしながら，自分の考えだと自覚できるようになることが大事だと考えています。

　こうした学生の成長をめざすうえで，カーソンや環境や環境問題について学ぶという授業実践は，導入教育として効果がありました。本授業実践では，主たるテーマを環境としましたが，そのなかでも学生に身近なテーマや論点を中心に設定しました。こうして初学者の関心を引き出し，環境への関心を高め，環境問題や環境政策に関する知識や考え方の習得を促すのです。

　加えて，環境問題は，社会的には複雑な背景や原因そして現れ方があり，したがってさまざまな価値観が交錯するテーマです。そうしたテーマを授業テーマとすることで，お互いに議論をして考えを出しあうことができ，同時に，専門家のより深い考え方に出会うことができ，最終的に自分自身の考えをかたちづくることが可能となります。本授業実践では，カーソンを主たるテーマとしてその意義を身近な環境や環境問題から展開していくことによって，初学者に

第5部　「レイチェル・カーソンに学ぶ」教育実践の成果と課題

向けた導入教育として環境や環境問題に関するさまざまな価値観や考え方を関連づけながら，政策問題を発見し，政策課題を考え，その解決策を議論していく，そうした力を身につけることができるといえます。

対話型のアクティブ・ラーニング型授業としてカーソンや環境や環境問題について学ぶ意義

　公共政策学教育の枠組のなかで，アクティブ・ラーニング型授業とすることによってカーソンや環境や環境問題について学ぶにあたり，学生の成長を促す可能性が高いといえそうです。アクティブ・ラーニング型で環境や環境問題を身近なところから学ぶということについては，初学者にとって具体的には次のような利点が考えられます。

　第1に，日常生活にかかわりの深い環境や環境問題は，学生にとって身近な存在であり，自分がどう思うのかについて考えを出しやすいテーマであるといえます。第2に，学生一人ひとりが育ってきた環境は異なり，また一人ひとりの環境への感性には違いがありますが，その違いを大切に活かしながら学ぶことで，より理解を深めることができます。第3に，環境主体の概念が示す「自分自身も環境の一部である」という考え方のように，自分と環境との関係について新たな気づきが得られます。第4に，環境を起点として社会問題へと問いを広げることができるでしょう。第5に，そのような気づきを得つつ，異なった考えに出会いながら，自分自身の考えを問い直す機会になるでしょう。

　こうしたアクティブ・ラーニングを通じて得られる自分の考えの問い直しのなかでこそ，「自分の価値観とは何か」を探り，見出し，自覚していくことができるのです。またこれに加えて，アクティブ・ラーニングを対話型で進めていくことによって，その学びから得られるものはさらに大きなものになります。環境についての自分自身の考えや価値観を探っていくことは，実は他者との協働や他者の視点や考えと突きあわせていくなかでこそ進めることが可能です。アクティブ・ラーニング型授業としてカーソンや環境や環境問題について学ぶなかで，自分自身の考えや価値観を自覚していくのと同時に，学生どうしはもちろんのことそれだけではない他者との関係を持つことの意味も大きいのです。そしてそれによって，さらに社会関係や人間関係をつくっていくそのつ

190

第13章　アクティブ・ラーニングによる公共政策学導入教育の可能性

くり方についても学ぶことができるのです。

　大学生の知的成長の理論が示したように，自分自身の考えや価値観を持つということは，複数の考えがあることを受け入れ，それらを関連づけたその先にあるのです。自分自身の感性から出発するという発想で，1つの考え方にはめ込んだり，複数の考えがあることを肯定するだけで関連づけることを十分にしなかったりすれば，自分の考えを持ったり，価値観を形成するというところにはたどり着かないといえます。

　自分の感性で捉え，考えることを大切にするためにも，さまざまな考えに触れ，それらを関連づけていくことが必要であり，そのためにも他の学生や教員，さまざまな立場や世代の人々との対話のなかで学ぶアクティブ・ラーニングが必要であると考えます。自分自身の感性を拠り所にして，自分の考えや価値観を問い直して，自分なりの価値観を形成することは，社会問題を考えていくことにつながる可能性を持つものです。それは，社会問題を自分に引きつけ，当事者意識を持って，社会問題を主体的に考えていくことです。この点で，本授業実践は，学生だけではなく，より広く市民教育として捉えることができるともいえます。複雑化する現代社会では，市民一人ひとりが生涯にわたって学び続けることが必要であり，そうした学びの機会としてアクティブ・ラーニングによる市民教育はますます重要性を増しています。今日の公共政策学教育においては，市民教育を担うことが主たる方向性の1つとして展望されています（新川 2015）。

公共政策学教育としての意義

　最後に，本授業実践が示した可能性を公共政策学教育のあり方に結びつけて示していきます。公共政策学教育では，課題発見・調査分析・企画立案・企画実行のプロセスに沿って，知識を用いて考え，現実に行動していく学び方が求められています（新川 2015；新川編 2013）。そこでは，リーダーシップやフォロワーシップ，協働でチームワークを発揮しながら取り組む姿勢が求められています。リーダーシップやチームワークを身につけることをめざした教育実践は数多く存在しています。

　本授業実践が明らかにしたのは，それらの前提となる基盤をつくることが大

切だという点です。その基盤とは，自分の価値観を問い直しながら，問題を自らに引きつけ，当事者意識を持って主体的に取り組んでいくことです。**第12章**で学生の学びと成長を示してきたように，さまざまな考えや価値観に触れ，対話するなかで，自らの自然や社会への感性——センス・オブ・ワンダー——や価値観を問い直すことが，当事者意識を持って主体的に取り組んでいくための第一歩になると考えられます。そしてそのことは，カーソンの信念にもとづく行動（**第1章**）で示されたように，社会での大きな動きにつながりうるものであるといえます。公共政策学教育では，政策の価値が持っている意味を問うことが基本になります。そして，その基盤となるのは公共問題に関心を持つ市民の存在なのです。

　自らの感性や価値観への問い直しは，一人孤独に行うというものよりも，さまざまな価値観に触れるなかでこそ実現されるべきものです。第1に，自分とは異なる人々，異なる環境で育った人々，異なった価値観を持つ人々といった異なる他者と場を共有し，他者の感性や価値観に関心を向けるなかで，自分自身の感性や価値観を問い直すことができます。環境問題1つをとってみてもそうですが，社会的な問題解決には，さまざまな価値観の対立を相互理解によって共存可能な条件を探索し，あるいは新たな価値軸を代替案として提示しながら，合意形成していくことが公共政策学的な観点からは重要となります。感性や価値観への問い直しはその一歩となるのです。

　第2に，感性や価値観を問い直すというのは，1つの正しい方法があるわけではなく，さまざまな問題へのアプローチがあることを知り試みるなかで，新たな気づきを得ながら感性や価値観への問いかけが進められます。そのことによって，カーソンが著作や行動として示したように，社会や社会問題，そして問題へのアプローチに含まれる多様性を理解し，さまざまな考えと対話しながら市民生活を送るとともに，社会問題に取り組むことができるのです。そうした多様性への理解と対話のなかでこそ，市民的公共心が育まれると考えられます。公共政策は，民主主義の政策過程を前提としていますので，多様な価値や意見の衝突が前提となります。その多様な意見が開かれた場で議論されていくことによって，公論あるいは公共政策が生まれるのです。価値対立の解消にとどまるのではなく，むしろ新たな価値の提示やその実現のための新たな政策選

択の提案こそが，市民的公共性の本領発揮ということができますし，そのためにこそ自分自身への問い直しが大切になってくるのです。

こうした感性や価値観への問い直しは，自分自身がこれまで生きてきた環境や人生を振り返ることに結びつくだけでなく，自分自身の未来や理想とする社会の実現に向けて展望を描くことにも通じるものであるといえます。それは，想像力や創造力を活性化させ，ヴィジョンを描くことにも通じるのです。たとえば，カーソンは『沈黙の春』を通じて，私たちに想像力を喚起し，自然と人間の共生したあるべき社会のイメージをもたらしました。カーソンの警告によって，想像力を持って，あるべき社会のイメージやそのヴィジョンを描くことがいかに重要であるか私たちは気づかされました。そして，そのような力を身につけ，実際に力を発揮していくためにも，多様な人間性を排除することなく，多様な声と対話することが大切であって，その前提として，私たち一人ひとりが自分の感性や価値観を問い直しながら，「自分ごと」として環境や社会について考えていくことが大事になってきます。

自らの感性や価値観を問い直すことによって，環境や社会の問題が「自分ごと」となり，当事者意識を持ち，「主体的に考える力」を身につけることに通じていきます。すなわち，公共政策学教育で求められている「主体的に考える力」にとっては，自らの感性や価値観への問い直しによって「自分ごと」とすることができるようになり，当事者意識を持つことが可能となるのです。そうした個人の起点となる「自分ごと」として考える，当事者としての意識を持つことができるよう教育のなかではたらきかけることが必要となるのではないでしょうか。

そこにおいて学生は自らの日常生活での考えと授業のなかで学んだことを結びつけ，それを自分自身の人生へと結合させていきます。河井（2014a）の示すラーニング・ブリッジング──複数の異なる学びや気づきを結びつけて，結合していくという学びのあり方──の１つのかたちがここに見られます。大学での学びと日常生活での学びを架橋して，専門知識と日常生活で考えることを架橋して，主体的に考えていくこと，そこに市民教育としての公共政策学教育のめざす方向性があると考えられます。カーソンは『沈黙の春』で現状を詳らかにしたうえで，「17章　べつの道」のなかでこのように述べています。

第5部 「レイチェル・カーソンに学ぶ」教育実践の成果と課題

　　私たちは，いまや分かれ道にいる。だが，ロバート・フロストの有名な詩とは違っ
　て，どちらの道を選ぶべきか，いまさら迷うまでもない。長いあいだ旅をしてきた道
　は，すばらしい高速道路で，すごいスピードに酔うこともできるが，私たちはだまさ
　れているのだ。その行きつく先は，禍いであり破壊だ。もう一つの道は，あまり《人
　も行かない》が，この分れ道を行くときにこそ，私たちの住んでいるこの地球の安全
　を守れる，最後の，唯一のチャンスがあるといえよう。(Carson 1962＝2001：304)

　カーソンは，「べつの道」として，これまでの社会ではなく，べつの社会の
あり方，すなわち自然と人や生きものが共生できる社会をめざすよう私たちに
語りかけています。こうした社会を実現することは，将来世代にとっても，よ
い環境をつくることを意味します。そのためには，よい環境の「よさ」とは何
かを絶えず問い直しながら，私たちが自分なりの価値観を探り，見出し，構築
し，対話していくという姿勢が必要です。公共政策学の基本は，よりよい未来
の社会のための政策選択をしていくことにありますが，カーソンが示唆する
「べつの道」とは，まさに一人ひとりが主体的に考え抜くなかで生まれる政策
代替案の提示であり，そうした思考方法を鍛えることが公共政策学教育の主た
るねらいなのです。
　ここで環境をつくるというときの環境には，自然環境だけでなく，人間環境
が含まれます。人間環境に関して，よい環境をつくるには，人間どうしのかか
わりが非常に大切になってきます。そこには正しい答えがあるわけではなく，
人間どうしのよい関係づくりの方法を学んでいくことが重要です。よい環境を
つくっていくためには，他者への思いやりや他者の考えを尊重しつつ，自分の
考えを提示していくような協働が求められます。本授業実践では，そうした人
間どうしの関係，すなわち他者とのかかわり方も体験的に学ぶことができまし
た。多様なアプローチと多角的な視点，それらのなかで自分自身の感性で捉
え，自分の考えと他者の考えを関連づけながら，自らの価値観を見出し，構築
していくという学びのあり方を本授業実践では大切にしてきました。こうした
教育のあり方は，実社会でも，環境，他者，自分自身とのかかわりのなかで，
さまざまな考えと出会い，対話し，「べつの道」を探っていくことができると
思われます。民主主義社会が求めている公共政策は，孤立した個人の意思の機
械的な集合ではなく，むしろ人々の多様な能力を結びあわせて，よりよい代替

194

第13章 アクティブ・ラーニングによる公共政策学導入教育の可能性

案を作成し，理想を実現できる選択をしていくことができる市民を前提としているのです。いま私たちに求められているのは，そうしたかたちで「べつの道」に向けて主体的に考え，行動することではないでしょうか。

❸ 授業実践における工夫

本授業実践では，公共政策学教育の枠組のなかでアクティブ・ラーニングによるカーソンや環境や環境問題に関する導入教育を進めてきましたが，そのなかでも特に重点を置いた工夫について述べておきたいと思います。これによって，今後の導入教育，アクティブ・ラーニング，公共政策学教育が，さらに学習効果の高いものになるのではないかと期待しています。公共政策学教育におけるアクティブ・ラーニング型の導入教育において，またさらなる有効活用ができるように，具体的にその手法を紹介しておくという趣旨から，以下のように授業内容や授業方法の工夫についてまとめておきたいと思います。

授業内容について——レイチェル・カーソンというテーマをめぐって——

本授業実践では，公共政策学教育の枠組のなかでカーソンや環境や環境問題を学ぶ導入教育として，政策問題やその前提となる社会問題に目を向けてもらうこと，そうした問題に関心を持ってもらうことを重視しました。また同時に，公共政策学教育が求める多様な価値観や視点に配慮するとともに，人間社会における政策のあり方にも接近できるよう，多様な内容，多様な価値観に触れてもらうことができるように工夫をしました。そのために，導入教育においては，大学生の成長理論にもとづいて，まずはさまざまな価値観に触れること，そこでは自分の価値観だけでなく，多様な価値観について認識することになるよう心がけました。加えて，アクティブ・ラーニング型の導入教育を予定していましたので，それに対応できる授業内容とするよう工夫しました。

政策トピックスとして，環境や環境問題とその政策を大きなテーマとしたのですが，その主題をめぐって具体的に関心を持って考えること，「自分ごと」として捉え直すこと，問題への視点や論点を幅広く持つこと，問題の本質について理解を深めること，そして他者との関係で問題を考えること，これらの態

195

度と学びを得ることをめざしました。そのために，環境問題を幅広く捉えて身近な暮らしの課題としても捉え直すことをめざして，毎日の「食」から地球温暖化問題まで空間的な広がりを持たせること，また公害や環境問題の歴史と現代の問題を結びつけることなど歴史性や時間軸を意識した授業内容としました。

　また理解を深め「自分ごと」として考えるためには，表面的な知識の理解だけでは十分ではなく，「センス・オブ・ワンダー」を通じて感じることの大切さを実感できるよう授業内容に取り入れることとしました。ただ単に感性の重要性を知識として学ぶだけではなく，実践として用いることを通じて，感性を鋭敏に鍛えることをめざしました。

　カーソンを主題とすることで，環境問題や公害問題の歴史的展開，身近な問題から空間的な広がりのある課題までを扱うことができました。また，受講生は自然や生きものへの新たな視点や感性のあり方についても考えることができました。

授業方法の枠組──アクティブラーニング型授業の工夫について──

　アクティブ・ラーニング型授業には，講義までの準備が必要です。講義への学生の参加をあらかじめ設計することが重要となります。具体的には，授業全体をアクティブ・ラーニング型にすることについての学生理解を履修登録の段階から浸透させることから始まります。そうしたシラバスの作成やオリエンテーションが重要となります。そして開講時には，導入部のオリエンテーションにおいてもアクティブ・ラーニング型授業へのアイスブレイクが必要となります。

　　学習者に慣れてもらうための工夫：問いの設定　　学生には能動的な学びへの習熟に差があるので，そうした差をできるだけなくすための工夫が必要です。それは，問いの設定です。これは講義までの準備と関連しますが，学習者にあわせて問いをどのように設定するかです。難易度の高いものであればよいということではなく，それぞれの習熟度に応じて授業参加ができるような問いかけの工夫が必要なのです。本授業実践では，教育目標と関連させながら，また一人ひとりの感じ方を大切にした

第13章　アクティブ・ラーニングによる公共政策学導入教育の可能性

問いかけをしてきました。この問いによって，学生はアクティブ・ラーニングの成果としての外化（ワークシートへの記入，グループワークでの発言）が可能となります。その問いが個々の受講生に適しているか，その良し悪しによって学生の発言が促進されたり，後退したりしてしまいます。問いの質が，授業全体の効果や成果にかかわってくるものであるといえます。

　　　話しあいのための準備　　　受講生がアクティブ・ラーニングに参加して成果を得ていくには，その準備として，一人ひとりが自分の感じ方や考え方に向きあえるような工夫が必要です。本授業では，アクティブ・ラーニングとして，グループワークを始める前に，必ず，講義内容について感じたこと，考えたことについて言葉にしてこれを記入します。そして，自らの思考が整理された段階で，グループワークを行うようにしました。いきなり「話しあってください」といわれると戸惑ってしまいますが，このように取り組むことによって，発言することが苦手な学生にとっても，心の準備ができ参加のハードルを低くすることができるといえます。

　　　自らの感じ方や考え方にはたらきかける時間　　　アクティブ・ラーニングでは，受講生が主体的に授業にかかわるための工夫が必要です。自然や環境の問題を考えるときに自分自身とのかかわりを考えることで，新たな気づきや感じ方を獲得することが可能となります。そのときの自分自身への問いかけが重要となりますので，そうした自分自身の感じ方や考え方をあらためて問う時間を授業時間内においても設定することが必要です。

協働型の授業方法——他者との協働による学習の重要性——

　公共政策学教育の枠組のなかでカーソンや環境や環境問題を扱うアクティブ・ラーニング型の導入教育において，特に重要であったのは，多様な考え方の人々がかかわることで学習効果があがったという点です。受講生とゲストスピーカーだけではなく，一般市民が参加することで教育効果は大きく向上します。とりわけ当該政策テーマに関心のある社会人による参加は，学生に対する刺激も大きく，感じ方や考え方から多くの示唆を得ることになります。もちろんこうした刺激は，学生のみならず，社会人自身の学びにとっても重要です。

197

第 5 部 「レイチェル・カーソンに学ぶ」教育実践の成果と課題

　このようにクラス編成にあたっては，学ぶ側の同質性も重要ですが，そこに
異質な他者が入ることで，アクティブ・ラーニングは活発化されます。そして
それ以上に，知識や能力あるいは社会的背景の異なる他者との対話は，大きな
刺激となり，新たな視点を得る機会となり，学習の成果をさらに大きくするこ
とになります。

授業環境における具体的な配慮

　実際にアクティブ・ラーニング型の導入教育を行う場合には，シラバスや講
義の進め方以上に，クラスの環境づくりや授業の進捗に応じた支援や教育環境
条件の整備が必要です。それには，ゲストスピーカーへの配慮，ワークシート
の作成と準備，ファシリテーターによる問いかけの工夫，講義の連続性と累積
性への配慮が求められているのです。

　　ゲストスピーカーへの配慮　　　本授業では，複数のゲストスピーカーを依頼し
　　　　　　　　　　　　　　　　てきたことから，そうした場合にはあらかじめ
進め方や時間配分と授業目的，学生の話しあいの時間を設け，学生からの声に
応答してもらうよう依頼しました。アクティブ・ラーニング型の学習を協働で
進めるという点については，ゲストスピーカーの了解のうえでないと効果的に
はならないのです。

　　ワークシートの作成と準備　　　毎回のテーマに関して，受講前にどのようなイ
　　　　　　　　　　　　　　　　メージを持っているのかを尋ねるようにしまし
た。受講後には，感じたこと・考えたことを分けて尋ねるようにしました。ま
たグループワークのなかで，他者の意見を聞いて影響を受けたことや自分の考
えの変化について記述できるようにつくりました。

　　ファシリテーターによる問いかけの工夫　　　グループワークでは，ファシリテー
　　　　　　　　　　　　　　　　　　　　　ターから問いを投げかけるようにし
ました。本授業では，筆者や学生スタッフがファシリテーターを務め，グループ
ワークが円滑に進むようにしました。基本的には，ワークシートに記述した
ことをもとに発言できるようにしました。話しあいが滞っていたら，「どのよ
うな意見が出ましたか」「どんなことが話しあわれていましたか」と確認した
り，話しあいのテーマにかかわって「今まで考えたことはありましたか」「今

第13章　アクティブ・ラーニングによる公共政策学導入教育の可能性

日はどんなふうに考えましたか」「今までの生活ではどうでしたか」と問いかけるようにしました。

連続性や累積性　　本授業実践のように多様なゲストスピーカーと多様なテーマで問題提起をすると，1つひとつの授業が独立した個別のものとして受け止められるおそれがあります。一連の授業を全体的に見て，一体的に理解できるものとする工夫が必要になります。1つひとつの作業を積み上げていく，あるいは順番に連続性や関係性があるものとして位置づけるよう意識して組み立てていく必要があります。加えて，毎回の授業の成果が蓄積されて，その後の授業においてその知識が活かされていくといった構成を意識することが重要です。そのためには，それまでの授業の結果が後の授業で活かされるといった位置づけや工夫が必要となります。

自分自身の価値観を見つけ出すために

本授業実践の到達点の1つは，受講生の一人ひとりが自分自身の視点や価値観を手に入れること，あるいは少なくともそれを考える態度を身につけることにあります。

そのためには，この授業とその進め方においては，環境や環境問題を自分と関連させることができるものでなければ，気づきは得にくくなります。つまり，講義内容それ自体が身近に感じられることが重要です。

次に，「自分ごと」としてその問題を考える機会をつくる必要があります。講義やグループワークのなかで自らを問い直す機会をつくっていく工夫が求められているといってもよいでしょう。

さらに，他者の介在によって異なる価値や考え方に接する機会をつくり，その価値観の違いを話しあいの過程を通じて明らかにし，そこから自らの価値観や考え方に対する自己省察を行うことになるのです。

それらのプロセスによって，受講生は環境や環境問題とその政策に関する当事者意識を持ち，これらについて主体的に考えるようになりますし，自分自身の価値観や考え方を身につけることになります。

第5部 「レイチェル・カーソンに学ぶ」教育実践の成果と課題

4 今後の課題

　本授業実践は，カーソンと現代の環境問題を題材として，公共政策学教育におけるアクティブ・ラーニング型の導入教育を進めてきました。その教育効果が大きいことはすでに触れてきたとおりですし，そのための工夫についても本章で見てきたように有効な方法についての視点を得ることができました。しかしながら，これまでの授業実践からは，いくつかの問題点あるいは課題も明らかです。本章を終わるにあたって，これらの授業内容，教育方法，そして教育成果に関する論点について，以下において指摘し，今後の検討に期したいと思います。

　第1に，授業内容に関しては，テーマの妥当性はさておくとして，シラバスの構成やその内容が適切に編成され組み立てられていたかどうか，という問題があります。本授業実践のねらいに沿ったものになっていたかどうかが問われているのです。この点については，必ずしも十分に検討ができていませんでした。

　第2に，教育方法に関しては，アクティブ・ラーニングを中心に一定の効果があがりそうな手法をとりましたが，まだまだ発展途上の手法であり，グループワークを中心とした本授業実践のものが最善の選択であったかどうかは必ずしも明らかではありません。授業の教育環境条件や組織運営なども課題かもしれませんし，将来にわたって持続可能な方法であるかどうかも検討されなければならないかもしれません。

　第3に，教育の成果に関する問題です。1つには，受講生の側についてはどのような成果があがったのか，短期的に学習の成果はあがっていると思われるのですが，それが定着しているかどうかは不確かです。実際にこうした形式の授業では成績評価も難しくなります。また，社会に開かれた授業としている場合には，一般受講生についての評価も重要ですが，適切に測ることは難しいのが現状です。また逆に学生や一般受講生はこの授業をどのように評価しているのか，授業評価アンケートなどは実施しているのですが，適切に評価できるものとなっているのかは確かではありません。

第13章　アクティブ・ラーニングによる公共政策学導入教育の可能性

　教育の成果について，2つ目の問題としては，教育をする側にとっても成果として何を得ることができたのかがわかりにくかったかもしれません。複数担当であることやアクティブ・ラーニングを取り入れたこともあって，何を教育目標の到達点とするのかはゲストスピーカーや活動種別ごとに個別的で必ずしも一体的に考えにくかったのではないかと思います。また本授業実践のように多くの関係者の方々，社会人の方々に入っていただき，NPOと大学との協働で授業をつくり上げていったような場合には，そうした外部の立場で協力をしている方々からの評価も丁寧に考えなければなりませんが，これについては十分とはいえませんでした。

　教育成果の問題の3つ目としては，社会の側にとっての意義です。一般的には大学教育を社会がどのように評価するのか，社会的に見て意義のある教育ができているかが問われることになりますし，それが反映されて大学の社会的評価にあらためて結びつきます。社会に開かれた講座としている場合には，受講生を通じて社会の側からの評価もありうると思います。本授業実践の場合は，寄付教育として講座開設が実現できましたので，寄付者側からの評価が重要となります。現状では一般的な評価をいただいているにとどまっており，本授業実践の詳細にわたって評価いただいているわけではありませんし，またそうした評価方法も確立されているわけではないのです。

＊参考文献

河井亨，2014a，『大学生の学習ダイナミクス——授業内外のラーニング・ブリッジング』東信堂．

河井亨，2014b，「大学生の成長理論の検討——Student Development in College を中心に」『京都大学高等教育研究』20：49-61．

初年次教育学会編，2013，『初年次教育の現状と未来』世界思想社．

新川達郎，2015，「「公共政策教育の基準」に関する検討とその課題」『公共政策研究』15：64-77．

新川達郎編，2013，『政策学入門——私たちの政策を考える』法律文化社．

文部科学省，2008，「学士課程教育の構築に向けて（答申）」．

文部科学省，2012，「新たな未来を築くための大学教育の質的転換に向けて——生涯学び続け，主体的に考える力を育成する大学へ（答申）」．

文部科学省，2014，「初等中等教育における教育課程の基軸等の在り方について（諮問）」．

山田礼子，2005，『一年次（導入）教育の日米比較』東信堂．

第5部 「レイチェル・カーソンに学ぶ」教育実践の成果と課題

山田礼子，2012，『学士課程教育の質保証へむけて——学生調査と初年次教育からみえて
きたもの』東信堂.

Carson, R., 1962, *Silent Spring*, Houghton Mifflin Company.（＝2001，青樹築一訳『沈黙の春』
新潮社.）

Perry, W. G. Jr., 1968［1999］, *Forms of Intellectual and Ethical Development in the College Years: A Scheme
(2nd ed.)*, Holt, Rinehart & Winston［Jossey-Bass］.

Upcraft, M. L., J. N. Gardner & B. O. Barefoot, 2005, *Challenging and Supporting the First-Year Stu-
dent: A Handbook for Improving the First Year of College*, John Wiley & Sons.（＝2007，山田礼子
監訳『初年次教育ハンドブック——学生を「成功」に導くために』丸善株式会社.）

おわりに

　本書は，レイチェル・カーソンの業績を振り返り，それを学びながら，現代の環境問題にも思いをいたし，そこから未来に向けて私たちの環境やそれへの学びを考えようとする趣旨で編まれました。その目的が適切に伝わるものとなっているかどうかは，編者の一人としての貢献にはいささか心もとないところもあるのですが，多くの方々のご助力によって充実した内容となりましたし，所期の目的は達成できたのではないかと思っています。

　本書で扱っている環境とは私たち人にとっての自然環境や生活環境が念頭に置かれているのですが，より一般的にいえば，環境とはある主体が置かれている外的な事象の総体と定義することができるとされています。そのなかで人にとっての環境とは，その人自身であり，人間関係であり，社会集団関係であり，他の生物や自然との関係です。それは人が関係性を持つ環境ということができますし，生き物としての直接的・間接的な生存の条件ということもできます。その環境は，生き物としての個体内にも，個体間にも，個体生存空間にも，さらには生存空間の外側の環境つまりは太陽系や宇宙まで含めて関係を考えていかなければならない性質のものかもしれません。

　とはいえ，環境問題を考えるというとき，だれが何を問題としているのかという問いを立てるとすれば，結局のところ人にとっての問題としての環境問題ですし，人の活動が生み出すところの環境問題なのです。簡単にいえば，人が生きるということが環境に負荷をかけ，そして人にとっての環境問題を生んでいるということなのです。もちろんそれには，人が自然環境に働きかけることによって生み出されてきたさまざまな問題が含まれていて，影響の大小もまた原因の所在もさまざまですし，人のかかわりも直接的なものもあれば，間接的に環境負荷をかけている場合もあります。しかしながら少なくとも人がいない状態で，環境問題は問題にならないわけですし，発生するのかと問われると発生しないと答えざるをえないのです。

　こうした環境問題が私たちにとって重大な脅威になってきたからこそ，これ

を人にとっての共通の問題として捉え，みんなで力をあわせて解決する方法を考え実行していかなければならなくなりました。それが環境政策です。環境政策は，環境問題を解決する方策であり，人が生み出した問題を人が解決するという性質のものです。現実には，人が生み出した問題の広がりや影響の深刻さ，問題の蓄積に対応するのはたいへんです。人の起源にさかのぼる歴史のなかの時間の積み重ねと地球から宇宙にまで広がった活動空間の広がりに対処することは本当に難しいことです。ですから，環境政策は全方位の問題解決をめざすことになりますし，環境政策は個人であれ，集団であれ，政府であれ，人がかかわるすべての主体にとっての課題なのです。人の存続という利己的問題ではあるのですが，同時に未来の世代への責任を負う私たちとしては，環境問題を解決して持続可能な社会をめざさざるをえないのです。

　私たちの環境問題としては，ひとつは私たち自身の生命や健康に影響を及ぼす生活環境問題があります。公害問題に代表されるように大気，水，土壌などの汚染物質や，私たちが排出する廃棄物の処理問題，また有害物質の適正処理の問題に直面してきました。ふたつには，生物多様性や自然環境保全の問題があります。人の活動による生態系のかく乱，あるいは生物多様性の喪失が顕著に表れています。今や生物存続条件の劇的変化が起こり，種が激減してきているのです。自然環境の破壊はやがて人の種としての存続条件も脅かすことになるでしょう。ともあれ生活環境であれ自然環境保全であれ，問題の原因あるいは背景にある人の活動をコントロールする政策が必要だということなのです。

　実は，こうした問題があることを世界に先駆けて広く告発したのがカーソンでした。それは当時の米国で大きな論争を生みましたが，やがて政策的には彼女が求めた方向に進み始めることになりました。それでは，カーソンが告発した環境問題は解決されたのでしょうか。『沈黙の春』の主題となった農薬問題は世界的な広がりを持つことになりました。そして規制がかかると同時に，新たな化学物質の開発が進行しています。そこでは農薬の破棄と残留問題のみならず，食物連鎖による循環問題が残りましたし，新たな農薬の開発と使用が次々に起こっています。この点は他の汚染物質も同じでした。

　水爆実験に関して告発した放射能問題はどうでしょうか。いうまでもなく放射線被害は，発がん性やDNA問題だけではなく，事実上の自然環境への放出

おわりに

による放射性物質の循環によって広がっていきまた蓄積されていきます。半減期の長い放射性物質によって，多くの化学物質による公害問題と同じ構造で，大気汚染や水質汚濁，土壌汚染とその循環が続くことになります。

　生き物への影響は深刻です。人間を含めて動植物すべてへの影響，問題の拡大と深刻化が進みます。そして，生態系が破壊されていきます。豊かで多様な生き物の関係が壊れてしまい，生物多様性が失われていく状況は，カーソンが発想した時点よりもますます深刻かもしれません。

　カーソンから環境問題を見る視点は，もちろん，農薬をはじめとする化学薬品や化学製品の有毒性や遺伝子への影響問題に，また放射性物質問題の視点では水爆実験のみならず後のチェルノブイリや福島の問題にもつながっています。公害問題への視点は，今日ではアスベスト他の汚染の広がりや地球温暖化問題にも結びついていますし，自然生態への視点からは，深刻化する海洋汚染や生態系変化への深い危惧や，特に生物多様性への視点からは絶滅種や絶滅危惧種の問題が浮かび上がります。いずれの問題についても，カーソンが指摘した近代工業文明批判の視点は，地球環境や生活環境，自然環境について，環境保全そして何よりも環境共生の視点を持って，私たちが「べつの道」を選ぶよう求めているのです。

　このようなカーソンの考え方には，「人と自然」に関する次のような基本的な見方があるように思います。つまり，地球は人間だけのものではないのであり，自然環境や生態系との共生を求めていること，そして自然を征服する人間文明社会への厳しい批判があることです。カーソンは，海の3部作に見られるように，さまざまな生き物からのまなざしを大切にし，自然の驚異と神秘，そして美しさを共に分かちあおうとしているのです。そうした感受性の重要性は，「センス・オブ・ワンダー」をすべての人々にというカーソンの考え方に端的に表れているといえるでしょう。

　カーソンのいう「センス・オブ・ワンダー」による自然の神秘と美しさへの共感，そしてそこから生まれる自然との共生，解決すべき環境問題への厳しい視点など，私たちがいま学ばなければならないことはたくさんあります。そのなかで特に私たちがカーソンからの学びとして重きを置きたいのは，彼女の「未来への視点」だと思います。それは，真実を知ろうとすること，目先の利

益ではなく未来を見ること，道義的責任，特に未来の世代への責任を知ること，そしてよりよい未来を創ることです。そして実はこれらは持続可能性をめぐる政策の視点でもあるのです。

　カーソンの未来へのまなざしと公共政策のかかわりは，環境政策という側面にかかわるだけではありません。実は未来へのまなざしは政策の根本的な視点でもあります。目先ではない未来を考えること，そしてよりよい未来を実現することが政策の目的なのです。もちろんそのためには，過去と現在をふまえること，現実を鋭く分析する必要がありますが，カーソンはこれをすでに半世紀以上前に実行していました。そのうえで，未来の理想を考え現在との距離を理解し，道義的責任と次世代への責任をふまえて，現在と未来の距離を埋める努力をすることになり，カーソンが農薬問題を広く社会に訴え行動を起こしたように，問題解決のための方法を考えることになります。それが政策手段を整える，あるいは政策代替案を選択することになります。そうすることによって理想の実現へと進むことができ，よりよい未来を創ることに向かうことができます。

　残念ながら私たちの環境政策は，世界でも日本でもまた身近な地域でも全般的にはこうした方向で進んでいないようです。あらためてカーソンのまなざしを政策の主流にしていく，そうした発想が必要です。そこではさまざまな政策を体系的に一体的に考えることが重要ですし，そうした環境政策の観点から関連する諸政策の相互関係を考える，つまりは政策の協調や連携，そして統合を検討しなければならないのです。

　私たちにとって環境と環境問題の発見は，これまであった外部不経済に気づかなかったということを意味していました。そして人は環境への気づきから行動へ，つまり問題の理解，分析，解決すべき課題の認識，そして行動への動機づけを持つことで，環境問題の政策課題化をしてきたのです。そこでは環境問題の解決のための政策を立て，その目的，対象，方法の合理的構成を考えるようになりました。そしてこうした思考方法の重要性は，実はカーソンが示唆し続けてきたことでしたし，私たちが彼女から学び直さないといけなかったことでもあります。そしてこの問題の解決になにがしか成功するとき，彼女の功績が大きいということにあらためて気づくのだと思います。

　カーソンの功績を環境政策に限定的に関連づけてしまうことは，彼女の全体

おわりに

像を誤って捉えさせることになるかもしれません。しかし今日の環境問題を考え，その解決に取り組もうとすれば，こうした発想に至らざるをえないところがあります。カーソンがいう生物や自然の素晴らしい世界への感受性と，それにもとづく自然との共感や共生の考え方を受容しながら，また私たちの社会が抱えてしまった環境問題，そしてこれに対処する方法としての環境政策を，私たち本書にかかわった者たちは，自分自身の問題として考えざるをえないのです。そしてそれが本書を生む原動力になっているということができると思います。読者の皆様方には，本書に寄稿した私たちのこうした気持ちを，行間を通じてお汲み取りいただければこれに越したことはないと考えております。

　なお，本書は，編者の一人である村上紗央里がこの環境教育プログラムの企画と実施にかかわり，その一連の社会実践を素材として執筆した博士学位論文を底本として編み直されたものであることを申し添えます。

　最後になりますが，謝辞を申し上げます。本書が生まれる背景には，同志社大学政策学部における「政策トピックス　レイチェル・カーソンに学ぶ現代環境論」の開講があります。前述のとおりレイチェル・カーソン日本協会関西フォーラムが，2014年度にカーソン没後50年を期して同志社大学政策学部に寄付講座を開設したのです。本書は，2014年度，2015年度と続いた講座の成果をまとめたものでもあります。レイチェル・カーソン日本協会関西フォーラムのお力がなければそもそも本書は生まれていませんでした。そしてその活動に賛同し，支援し，お知恵を貸してくださった多数の関係者の方々のご尽力がなければ，本書を世に出すことはできませんでした。講師としてご登壇いただき，講義録を取りまとめていただいた方々，講座を聴講し運営にご協力くださったレイチェル・カーソン日本協会関西フォーラムの皆様，本書のコラムの執筆をいただいた方々，そして何よりもまた講座を受講し感想を寄せてくださった学生諸氏に深く感謝申し上げます。末筆ながら，本書の出版の労を取っていただいた株式会社法律文化社編集部の上田哲平さんには本当にお世話になりました。上田さんのご尽力なくしては本書が世に出ることはありませんでした。記して御礼を申し上げます。

編者の一人として　　新川 達郎

執筆者紹介
（執筆順，＊は編者）

＊嘉田由紀子 びわこ成蹊スポーツ大学学長，前・滋賀県知事 　　　緒言，第11章

＊村上紗央里 同志社大学大学院総合政策科学研究科リサーチアシスタント

　　　　　　　　はじめに，第1章，第2章，第12章，第13章（共著）

鈴木　善次 大阪教育大学名誉教授 　　　第3章

＊新川　達郎 同志社大学大学院総合政策科学研究科教授

　　　　　　　　第4章，第13章（共著），おわりに

宮本　憲一 大阪市立大学名誉教授，滋賀大学名誉教授 　　　第5章

田浦　健朗 特定非営利活動法人気候ネットワーク事務局長 　　　第6章

原　　強 特定非営利活動法人コンシューマーズ京都理事長 　　　第7章

坂田　雅子 映画監督 　　　第8章

鈴木千亜紀 管理栄養士，自治体職員 　　　第9章

上遠　恵子 レイチェル・カーソン日本協会会長 　　　第10章

レイチェル・カーソンに学ぶ現代環境論
── アクティブ・ラーニングによる環境教育の試み

2017年10月15日　初版第1刷発行

編　者	嘉田由紀子・新川達郎
	村上紗央里
発行者	田靡純子
発行所	株式会社 法律文化社

〒603-8053
京都市北区上賀茂岩ヶ垣内町71
電話 075(791)7131　FAX 075(721)8400
http://www.hou-bun.com/

＊乱丁など不良本がありましたら、ご連絡ください。
　お取り替えいたします。

印刷：㈱富山房インターナショナル／製本：㈱藤沢製本
装幀：仁井谷伴子

ISBN 978-4-589-03875-3

© 2017 Y. Kada, T. Niikawa, S. Murakami
Printed in Japan

JCOPY 〈㈳出版者著作権管理機構 委託出版物〉
本書の無断複写は著作権法上での例外を除き禁じられています。複写される場合は、そのつど事前に、㈳出版者著作権管理機構（電話 03-3513-6969、FAX 03-3513-6979、e-mail: info@jcopy.or.jp）の許諾を得てください。

新川達郎編

政 策 学 入 門
―私たちの政策を考える―

A5判・240頁・2500円

問題解決のための取り組みを体系化した「政策学」を学ぶための基本テキスト。具体的な政策事例から理論的・論理的な思考方法をつかめるよう，要約・事例・事例分析・理論紹介・学修案内の順に論述。

増田啓子・北川秀樹著

はじめての環境学〔第2版〕

A5判・224頁・2900円

私たちが直面するさまざまな環境問題を，まず正しく理解したうえで解決策を考える。歴史，メカニズム，法制度・政策などの観点から総合的に学ぶ入門書。初版(09年)以降の動向をふまえ，最新のデータにアップデート。

今村光章編

環境教育学の基礎理論
―再評価と新機軸―

A5判・232頁・3400円

環境教育学の理論構築に向けた初めての包括的論考集。自然保護教育・公害教育などの教育領域ごとに発展してきた理論や学校・地域における教育実践に基づく学問的基礎理論を整理のうえ，環境教育学の構築を探究する。

富井利安編〔αブックス〕

レクチャー環境法〔第3版〕

A5判・298頁・2700円

日本の公害・環境問題の展開を整理のうえ，環境法の基礎と全体像を学べるよう工夫した概説書。好評を博した旧版刊行以降の動向をふまえて加筆・修正。さらに原発事故災害をうけて，新たな章「原発被害の救済と法」を設ける。

大塚 直編〔〈18歳から〉シリーズ〕

18歳からはじめる環境法

B5判・104頁・2300円

法がさまざまな環境問題をどのようにとらえ，解決しようとしているのかを学ぶための入門書。通史をふまえた環境法の骨格と，環境問題の現状と課題を整理。3.11後の原発リスクなど最新動向にも触れる。（2017年冬改訂版刊行予定）

―――法律文化社―――

表示価格は本体(税別)価格です